煤炭职业教育“十四五”规划教材
高等职业教育“新形态”一体化教材

工程制图与CAD习题集

主　编　陈玉莲

中国矿业大学出版社
·徐州·

内容提要

本习题集与《工程制图与CAD》教材配合使用，主要内容包括应用国标手工绘制平面图形、几何元素的投影、工程形体的投影、轴测图、图样的基本表示法、图样的特殊表示法、识读与绘制零件图、识读与绘制装配图、金属焊接图、建筑施工图以及电气线路图等11个项目。

本习题集中的习题选择本着由浅入深、由易到难的原则，以基本题为主，从不同角度训练读者的读图与制图能力，体现了基础性、实践性和创新性，不同学时、不同专业可按需选择。

本习题集根据编者多年的教学和工程经验编写而成，可作为应用型本科、高职高专院校非机类、近机类工程专业的教学用书，亦可作为成人教育院校的教学用书，也可供相关工程技术人员参考。习题集配套电子版答案，可向出版社免费索取。

图书在版编目(CIP)数据

工程制图与CAD习题集 / 陈玉莲主编. —徐州：中国矿业大学出版社，2024.2
ISBN 978-7-5646-5591-4

Ⅰ.①工… Ⅱ.①陈… Ⅲ.①工程制图－AutoCAD软件－高等学校－习题集 Ⅳ.①TB237-44

中国版本图书馆CIP数据核字(2022)第207531号

书　　名 工程制图与CAD习题集
主　　编 陈玉莲
责任编辑 何晓明　何　戈
出版发行 中国矿业大学出版社有限责任公司
（江苏省徐州市解放南路　邮编221008）
营销热线 (0516)83885370　83884103
出版服务 (0516)83995789　83884920
网　　址 http://www.cumtp.com　**E-mail**:cumtpvip@cumtp.com
印　　刷 苏州市古得堡数码印刷有限公司
开　　本 787 mm×1092 mm　1/16　**本册印张** 3.5　**本册字数** 89千字
版次印次 2024年2月第1版　2024年2月第1次印刷
总 定 价 59.00元(共两册)

前　　言

本习题集与《工程制图与CAD》教材配合使用。为了方便教学和学习，习题集的编写顺序与教材一致。本书编写人员均来自教学一线，具有丰富的教学经验。本习题集采用现行制图国家标准，以企业典型工作任务为载体，着重强化应用国标手工绘制平面图形、几何元素的投影、工程形体的投影、轴测图、图样的基本表示法、图样的特殊表示法、识读与绘制零件图、识读与绘制装配图、金属焊接图、建筑施工图以及电气线路图等内容的训练。

本习题集针对应用型本科、高职高专教育的特点，强化应用性、实用性技能的训练，在总结工程制图课程教学经验及改革成果的基础上编写而成，主要训练阅读与绘制工程图样的理论及方法，着重培养学生的绘图技能和空间想象力，题型新颖多样，体现了基础性、实践性和创新性，且配有一定量的直观图和徒手绘图练习。

本书由兰州资源环境职业技术大学陈玉莲主编。参加本书编写的人员有：吴敏娇（项目1和项目2）、蒋晓瑜（项目3）、金丽娜（项目4和项目5）、陈玉莲（项目6和和项目7）、谢金丁（项目8和项目9）、黄雪琪（项目10）、杨添玺（项目11）。

本习题集可供应用型本科、高职高专院校非机类、近机类工程专业使用，也可供相关技术人员参考。

由于水平有限，书中难免存在疏漏和不足之处，敬请广大读者和同仁批评指正。

编　者

2023年12月

目　录

项目1　应用国标手工绘制平面图形

1-1　字体练习

A B C D E F G H I J K L M N O P Q R S T U V

W X Y Z 1 2 3 4 5 6 7 8 9 0 a b c d e f g h

i j k l m n o p q r s t u v w x y z α β γ φ π θ

I II III IV V VI VII VIII IX X ∅ ± α β γ φ δ π θ

工程制图是技术交流语言专业敲门砖绘就理想蓝图人生在此启航

核心正投影表达形体结构反映设计思想国标正确大道至简的图样

班级　　　　姓名　　　　学号

1-2　图线与尺寸标注练习

1. 在指定位置按示范图线抄画下列各种图线。

(1)

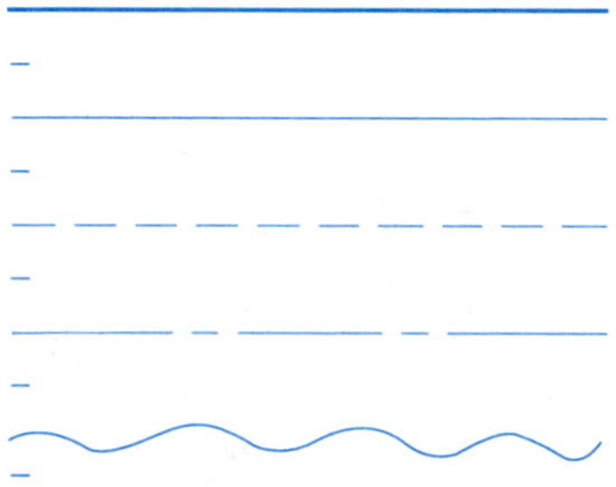

(2)

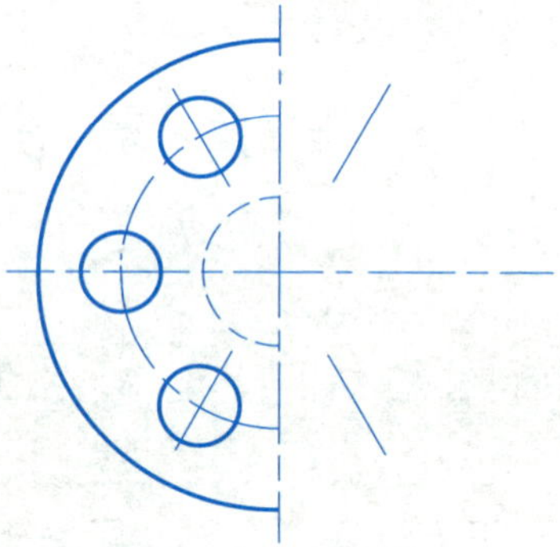

2. 找出图中尺寸标注的错误，并在相应的图上正确标注。

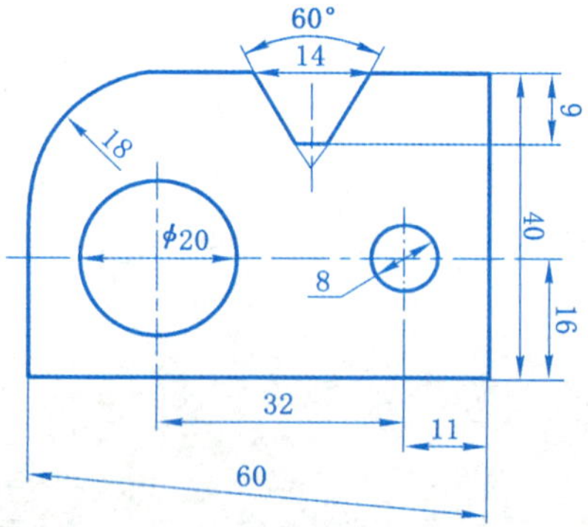

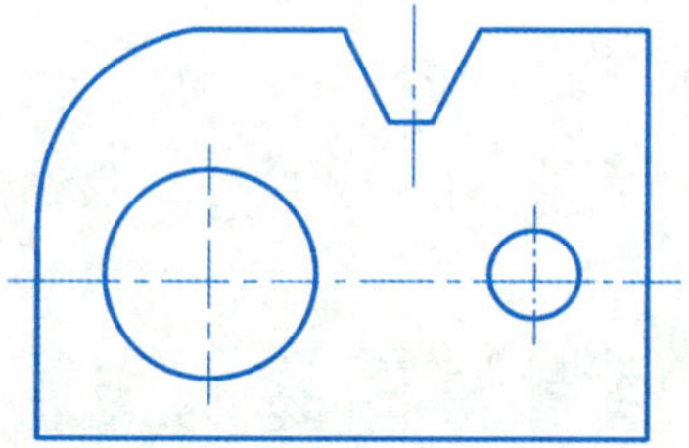

班级　　　　姓名　　　　学号

作业 1 线　　型

一、目的

(1) 熟悉图纸幅面的大小，掌握图框及标题栏的画法。

(2) 熟悉主要线型的形式、规格及其画法。

(3) 学会长仿宋体字、数字、字母的正确书写方法。

(4) 掌握与本次作业有关的几何作图方法。

(5) 掌握尺寸界线、尺寸线、箭头的画法以及尺寸数字的注写规则，学会常用尺寸的标注方法。

(6) 基本掌握常用绘图工具的使用方法以及绘图仪器的操作方法和技能。

二、内容和要求

(1) 绘制图框和标题栏，并按示范图例绘制各种图线。

(2) 用 A4 图纸，竖放，不标注尺寸，比例 1∶1。

三、绘图步骤

(1) 画图框。

(2) 在右下角画标题栏。

(3) 按图例所注尺寸作图。

(4) 校对底稿，擦去多余图线

四、注意要点

(1) 粗实线的宽度建议采用 0.5 mm，细线宽 0.2～0.3 mm。

(2) 尺寸数字采用 3.5 号字，箭头宽约 0.7 mm，长 3～4 mm。

(3) 各种图线的相交画法应符合要求。

(4) 填写标题栏。图名：线型练习；图号：01.01；在相应栏内填写姓名、班级、学号、比例、日期等内容。

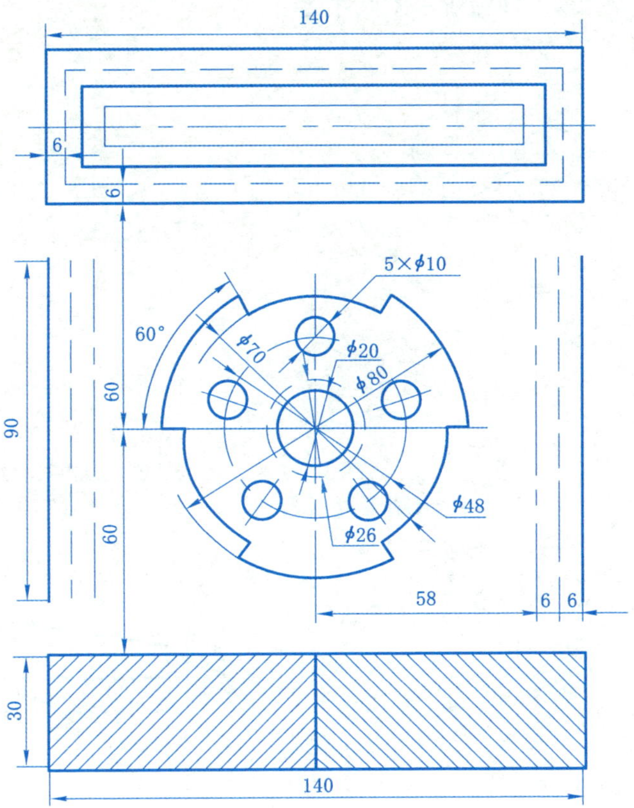

标　题　栏

班级　　　　姓名　　　　学号

1-4　几何作图(用给定的尺寸按 1∶1 抄画图形)

1. 按 1∶1 抄画所示图形并标注。

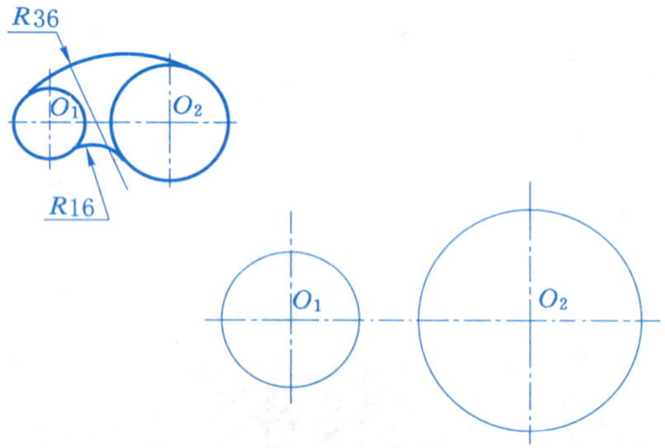

2. 按 1∶1 抄画所示图形并标注。

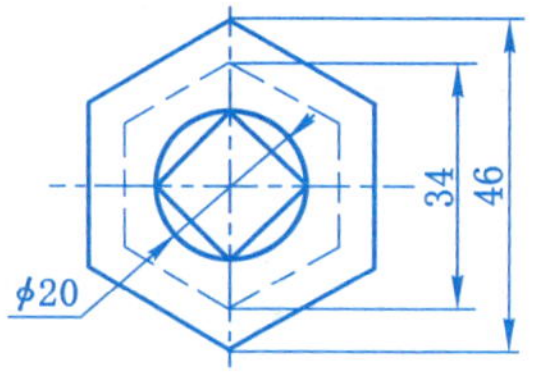

3. 按 1∶1 抄画所示图形并标注。

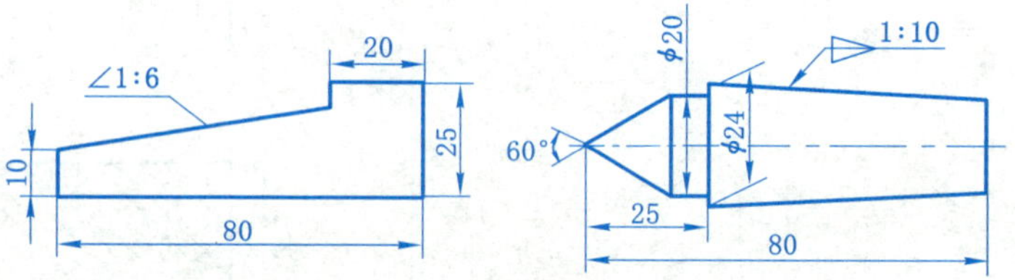

班级　　　　　　姓名　　　　　　学号

作业 2　平　面　图　形

一、目的

(1) 熟悉平面图形的绘制步骤和尺寸标注。

(2) 掌握线段连接方法及技巧。

二、内容和要求

(1) 按教师指定的题号绘制平面图形,并标注尺寸。

(2) 自选图幅,自定绘图比例。

三、绘图步骤

(1) 分析图形:看懂图形的构成,分析图形中的尺寸和线段,确定作图步骤。

(2) 画底稿:

① 画图框和标题栏。

② 画作图基准线。

③ 按已知线段、中间线段、连接线段的顺序画出图形。

④ 画尺寸界线、尺寸线。

(3) 检查底稿,擦去多余线条。

(4) 描深图形。

(5) 画箭头,注写尺寸数字,填写标题栏。

(6) 校对,修饰图面。

四、注意要点

(1) 布图时应留足标注尺寸的位置,使图形布置匀称。

(2) 画底稿上的连接线段时,应准确找出圆心和切点。

(3) 描深时,同类线型同时描深,使其粗细一致、连接光滑。

(4) 箭头应符合规定,尺寸注法应正确、完整。

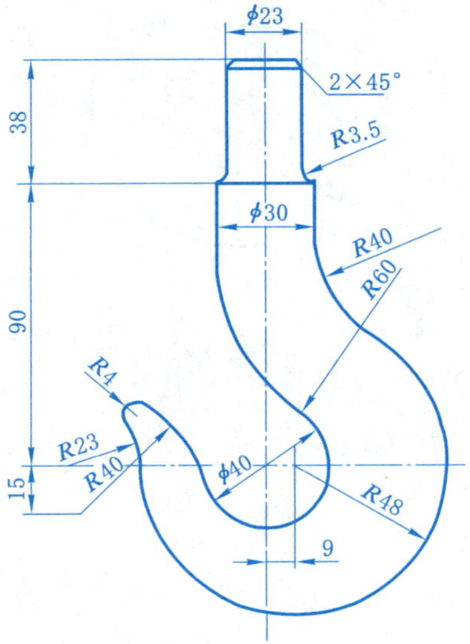

标　题　栏

班级　　姓名　　学号

1-6　平面图形作业(二)

1.

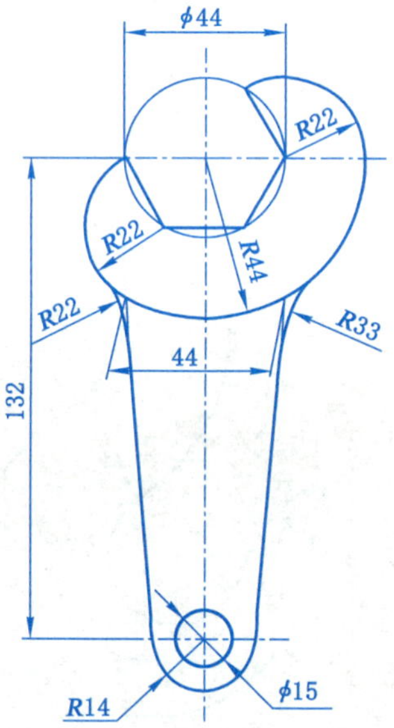

标　题　栏

2.

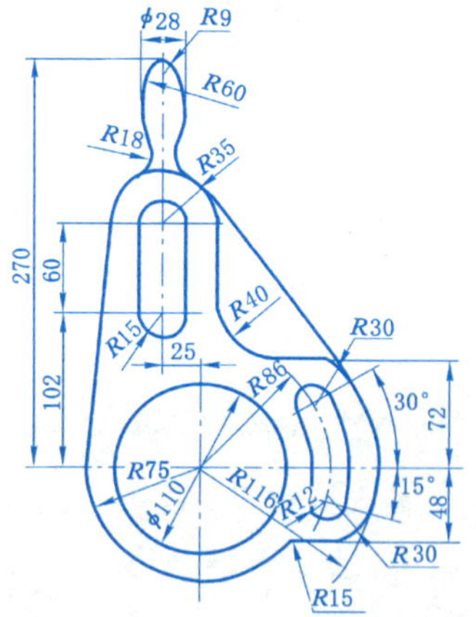

标　题　栏

3.

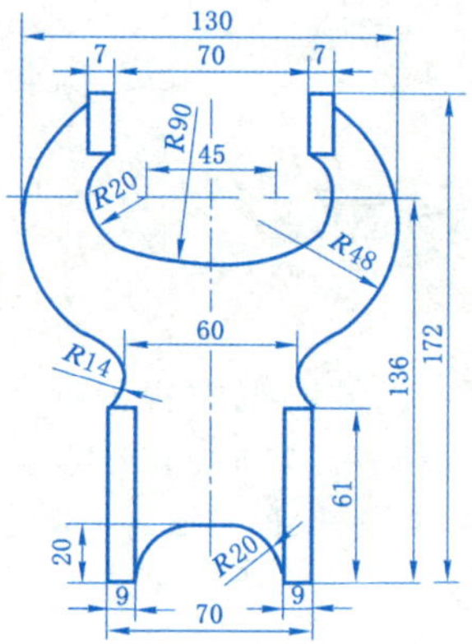

标　题　栏

班级　　姓名　　学号

1-7 徒手画出下列图形，比例 1∶1，不注尺寸

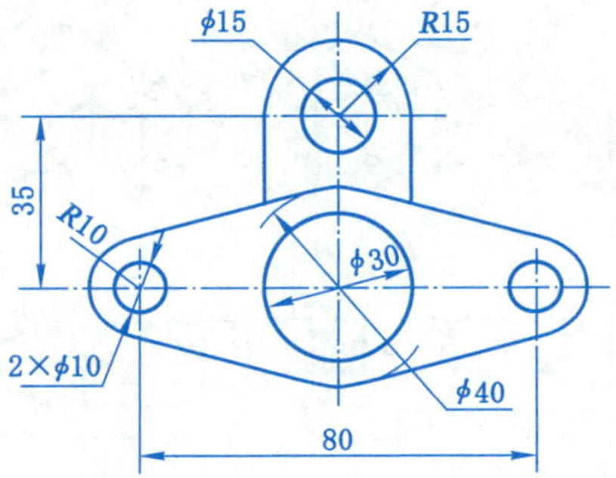

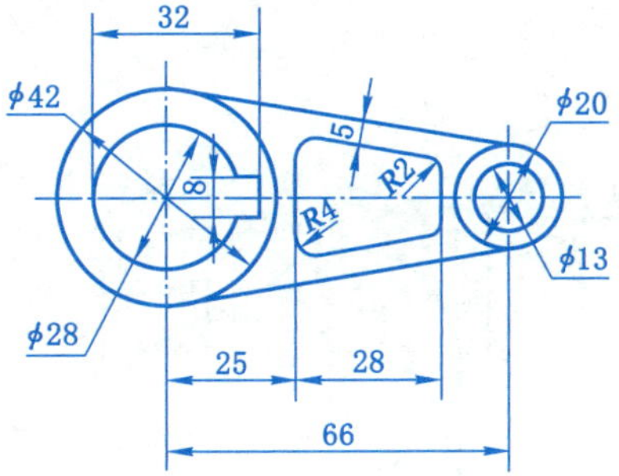

班级 姓名 学号

项目2　几何元素的投影

2-1　投影法和三视图的形成

1. 在视图(　　)内填写立体图上所示位置关系。

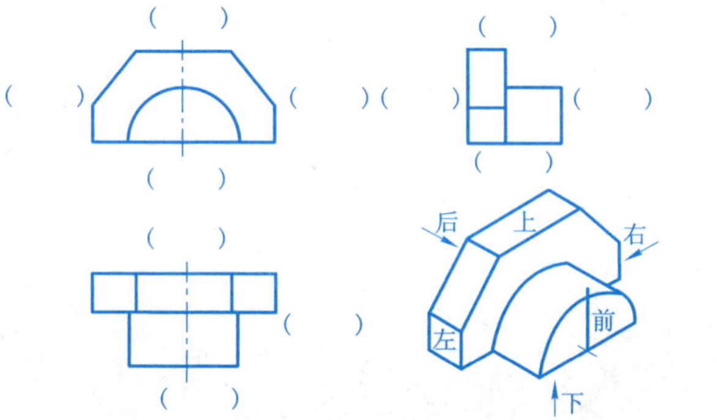

2. 按照箭头所示的投射方向，将正确视图的图号填入括号内。

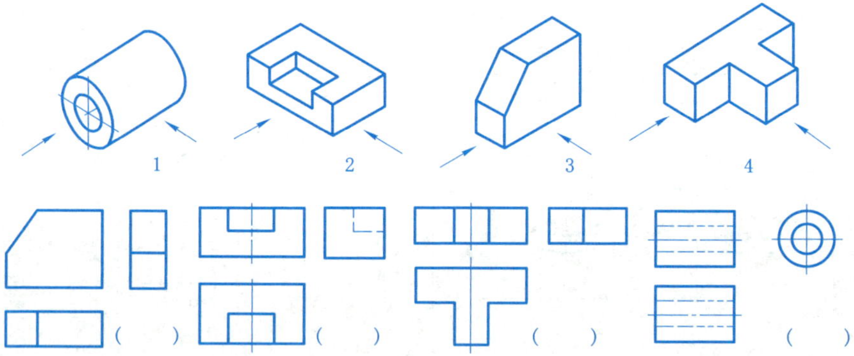

3. 观察如图所示投影，填写投影类型。

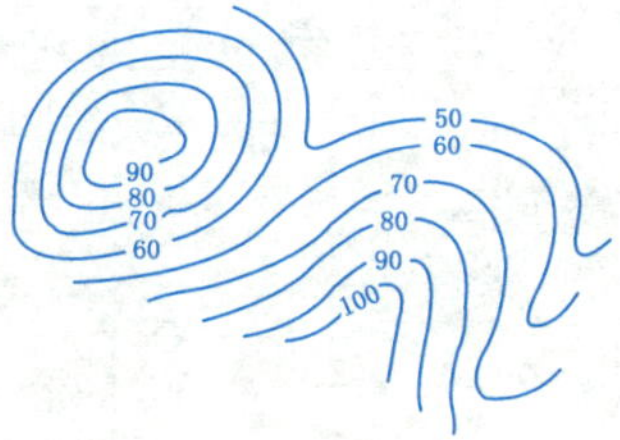

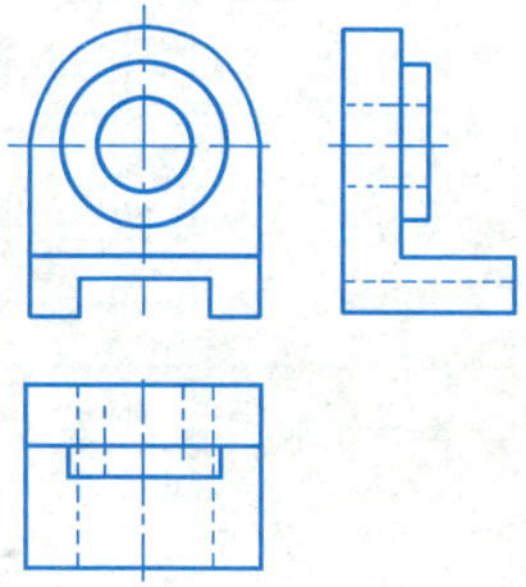

1. 已知点 B 距 H 面 20 mm、距 V 面 15 mm、距 W 面 30 mm，试作出点 B 的三面投影。

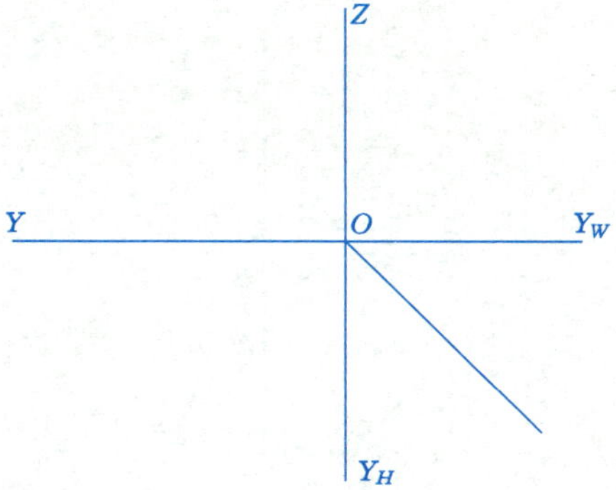

2. 已知点的两面投影，求第三面投影。其中，点 E 在 W 面上，点 F 在 H 面上。

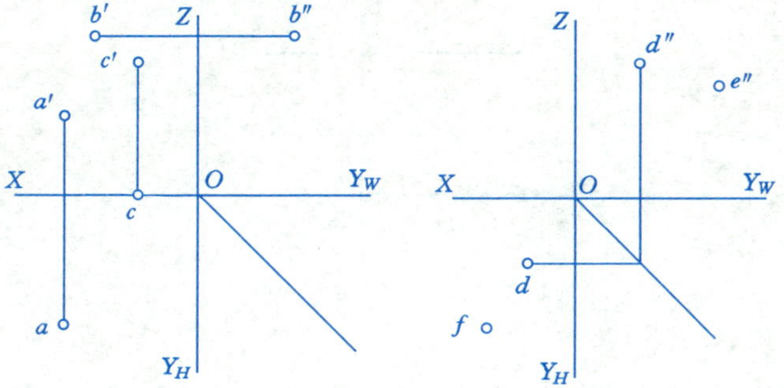

3. 根据所给点的坐标值，作出它们的三面投影图，并对比它们的相对位置。

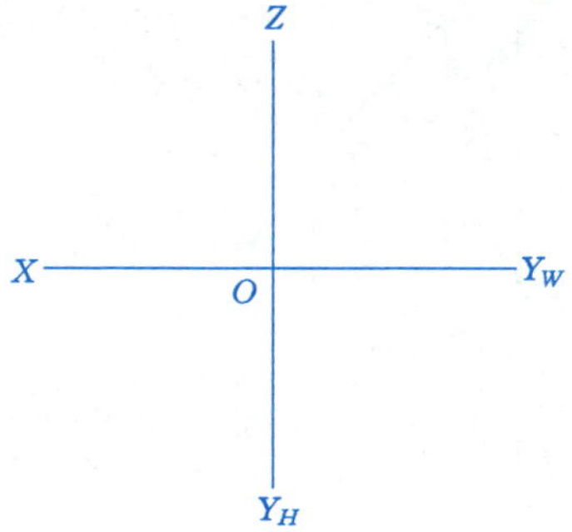

A(10,20,15)

B(30,0,10)

C(10,15,15)

距 H 面______点最高，______点最低；距 V 面______点最远，______点最近。

4. 说明 B、C 两点相对于 A 点的位置。

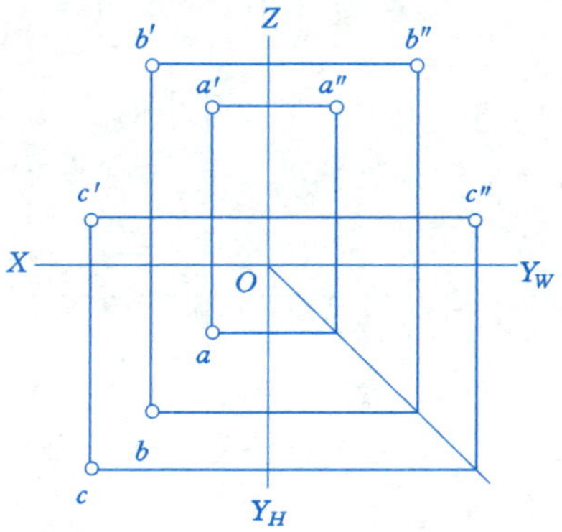

班级　　　　　　姓名　　　　　　学号

2-3　直线的投影(一)

1. 作直线 AB 的 H 面投影。

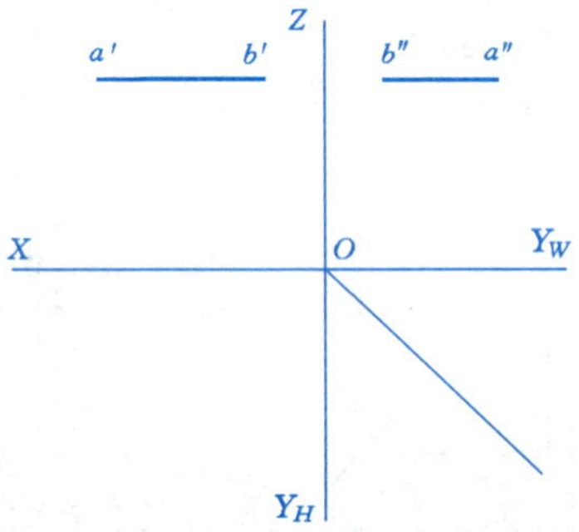

2. 求作正平线 CD 的三面投影，已知 CD 长 25 mm，与 H 面倾角为 30°。

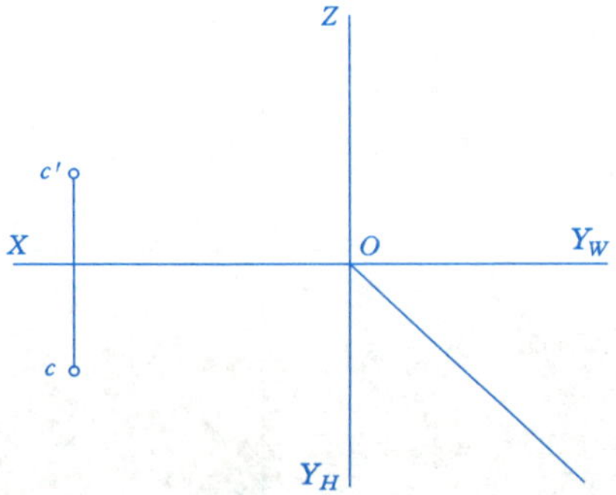

3. 求侧垂线 EF 的三面投影，已知 EF 长 30 mm，距 V 面 15 mm，距 H 面 20 mm，端点 E 距 W 面 40 mm。

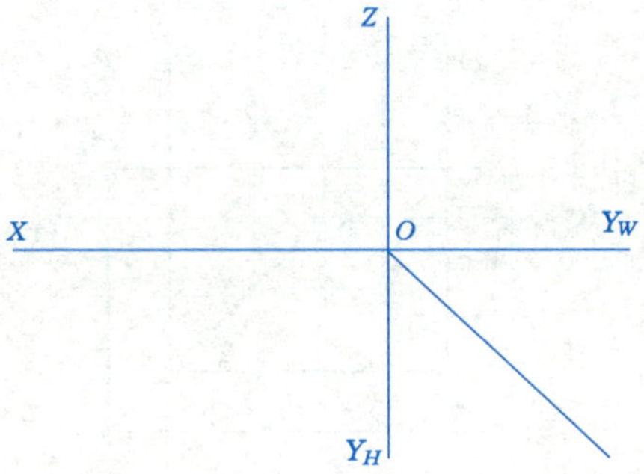

4. 已知点 M 在直线 CD 上，并与 H、V 面的距离相等，完成点 M 的投影。

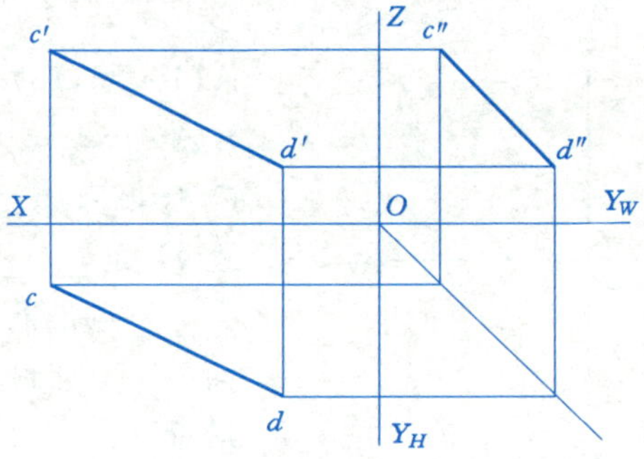

班级　　　　姓名　　　　学号

5. 已知 AB 平行 CD，补全其两面投影。

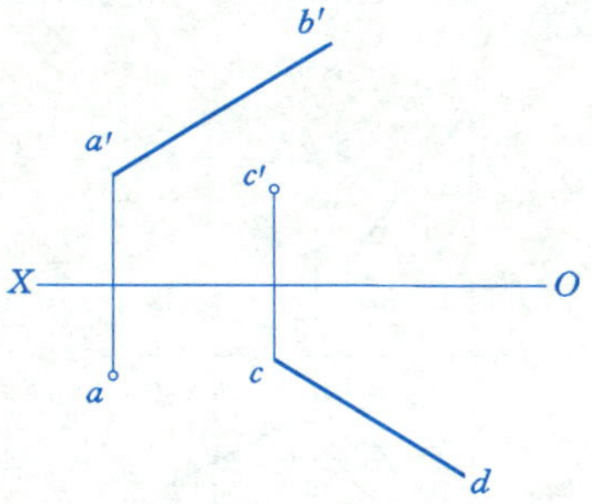

6. 过点 C 作直线 CD 与直线 AB 相交，交点距 V 面 15 mm。

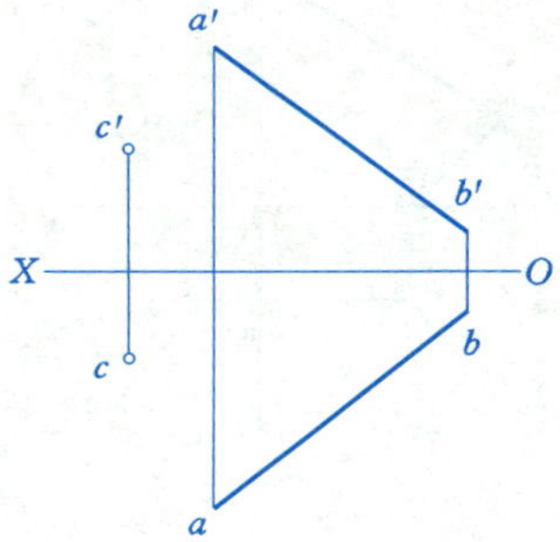

7. 作直线 MN 平行 AB，且与 CD、EF 相交。

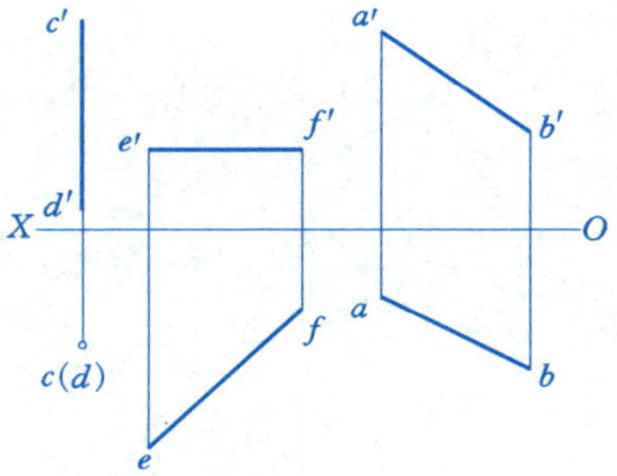

8. 判断两直线 AB 和 CD 的相对位置。

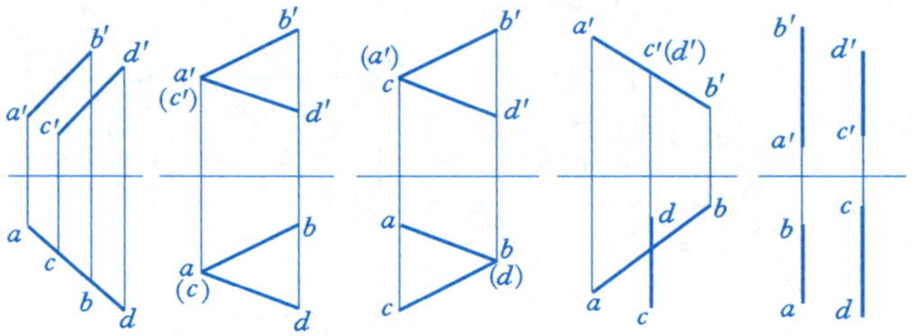

( ) ( ) ( ) ( ) ( )

9. 用字母标出交叉两直线重影点的投影。

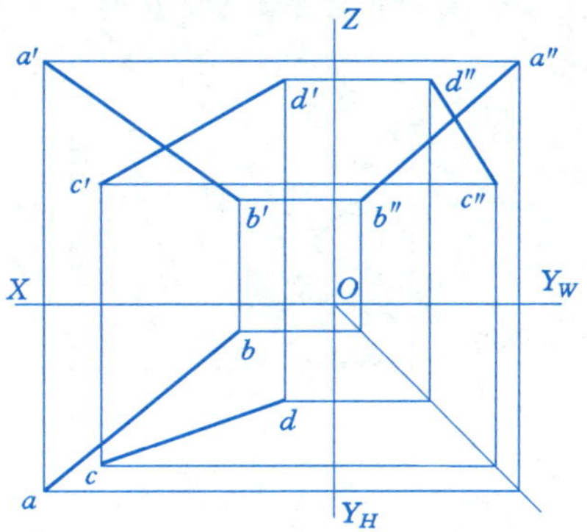

班级 姓名 学号

2-5 平面的投影

1. 已知△*ABC* 的两面投影，求作其第三面投影。

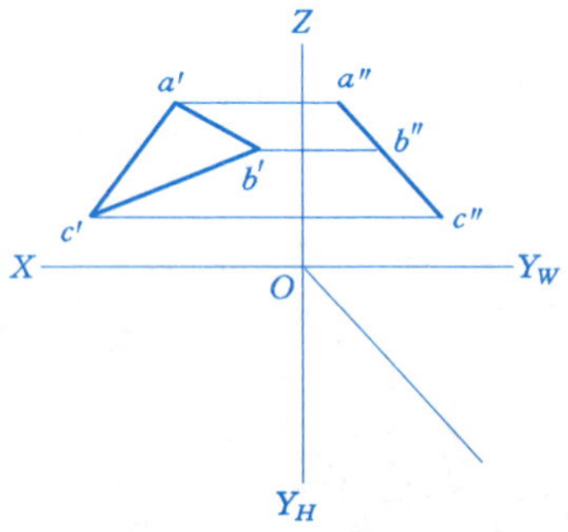

2. 补全平面图形的投影。

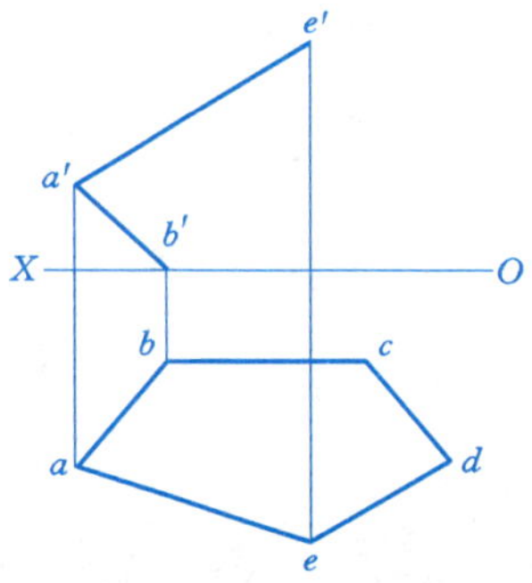

3. 已知点 *K* 属于△*ABC* 平面，完成△*ABC* 的正面投影。

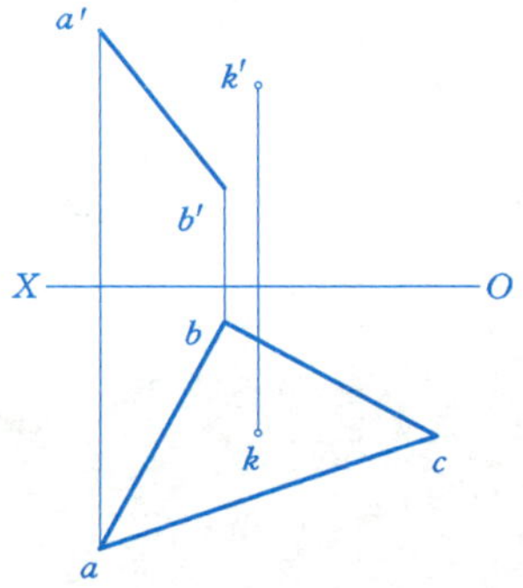

4. 已知 *AC* 为正平线，补全平行四边形 *ABCD* 的水平投影。

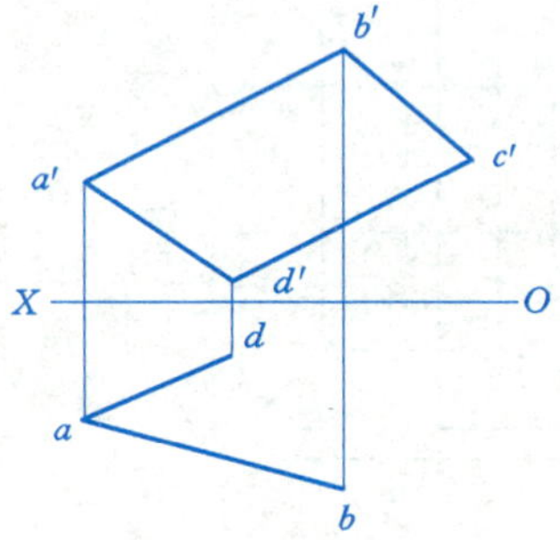

5. 补全平面图形 *PQRST* 的两面投影。

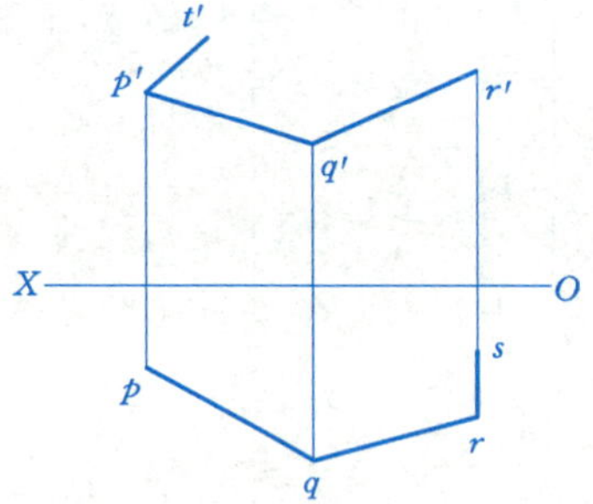

6. 在△*ABC* 内作距 *V* 面为 15 mm 的正平线。

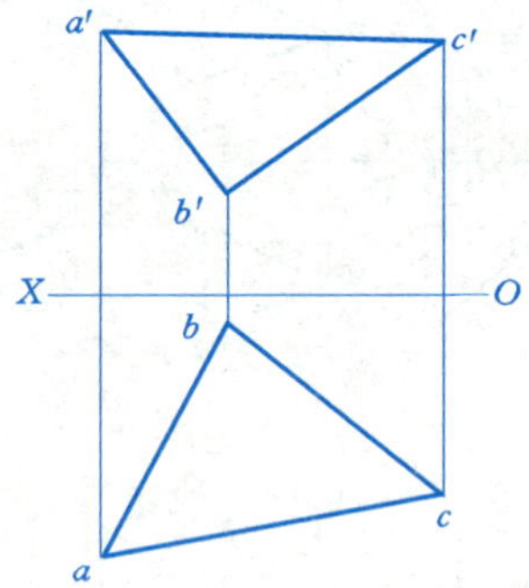

班级　　　　姓名　　　　学号

项目 3　工程形体的投影

3-1　基本体的投影(根据给定的尺寸和视图补全立体的投影,并求作立体表面点的另两个投影)

1. 正六棱柱(高度 30 mm)。

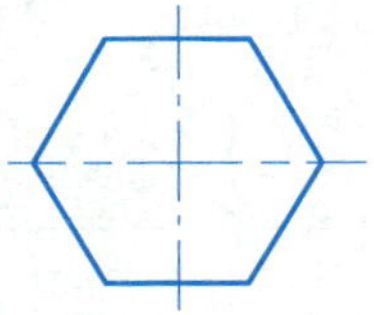

2.

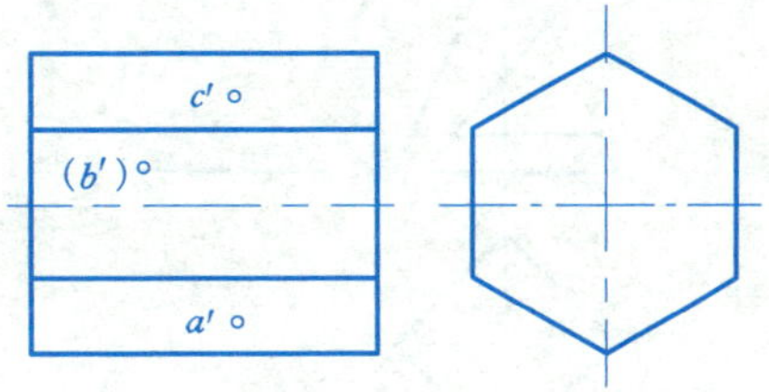

3.

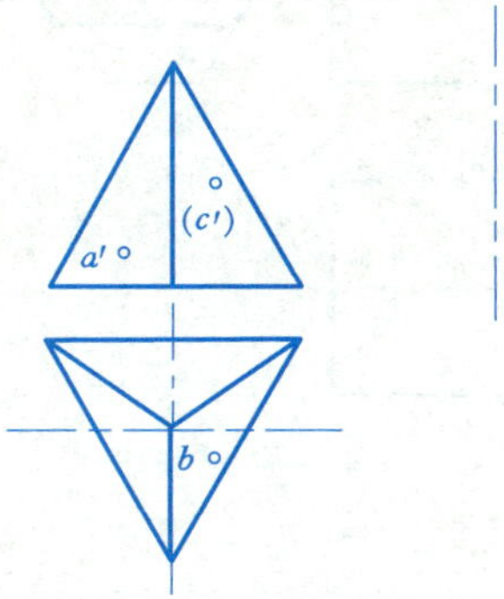

4.

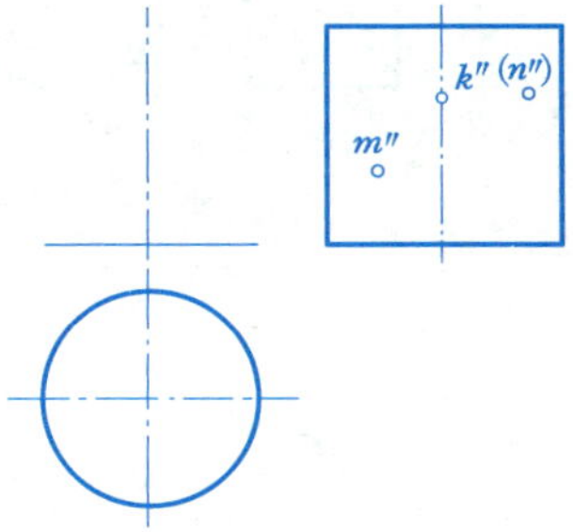

5.

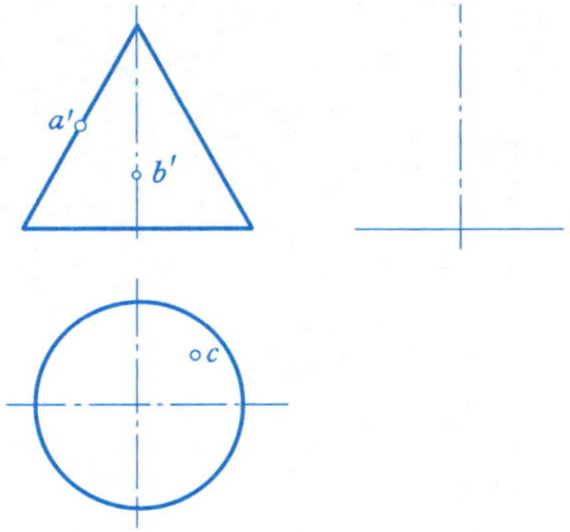

6.

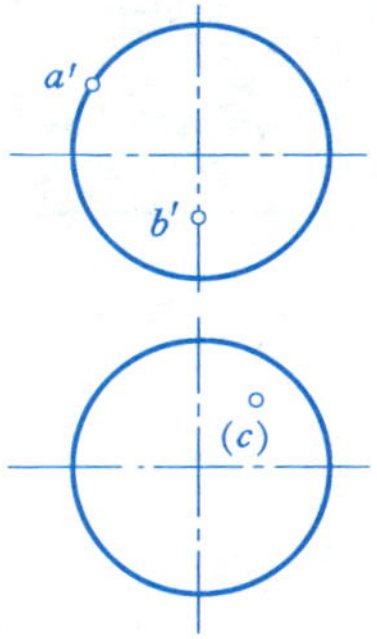

班级　　　　姓名　　　　学号

3-2　求平面与立体表面的交线,并补全立体的三面投影

1.

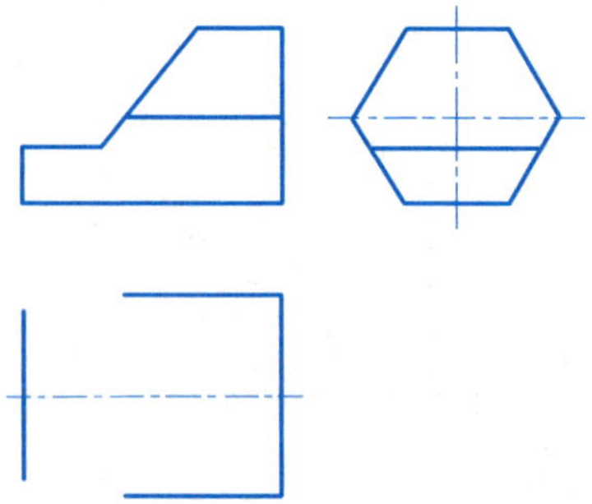

2.

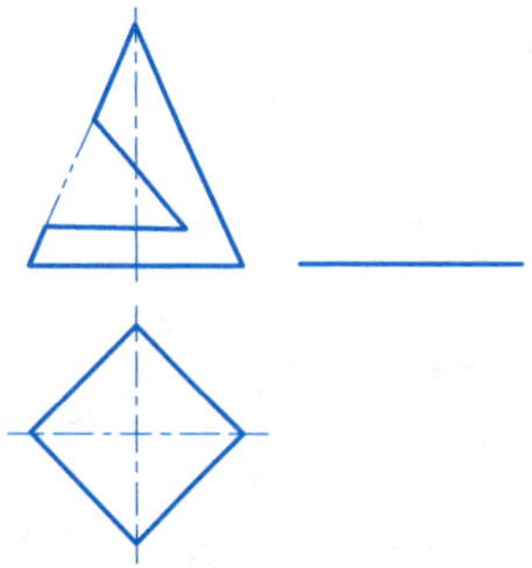

3.

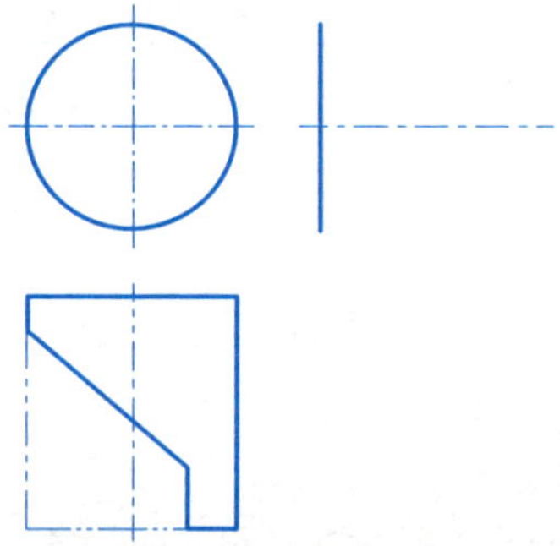

4.

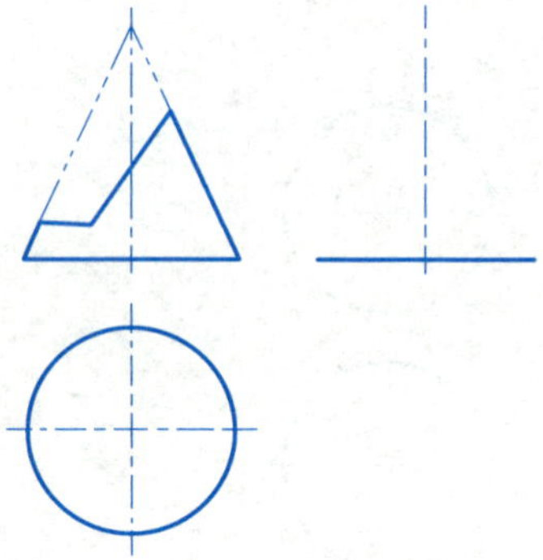

5.

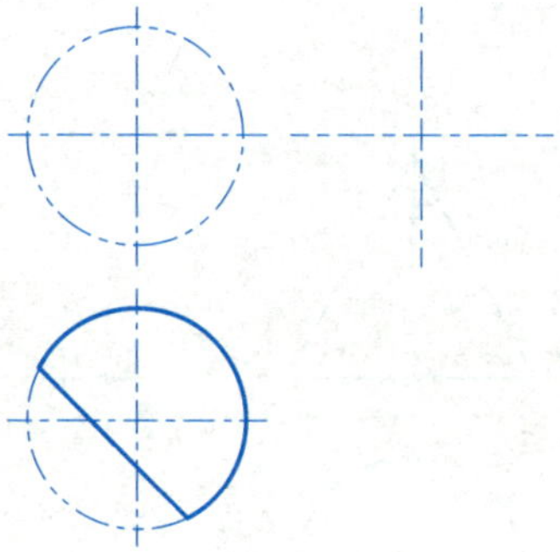

6.

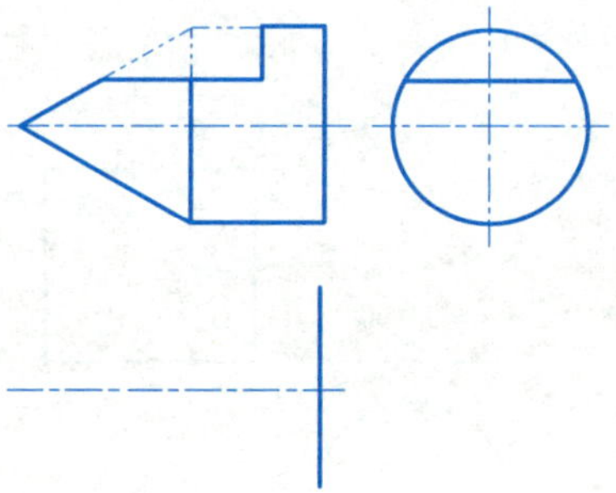

班级　　　　　　　　　　姓名　　　　　　　　　　学号

3-3 求两立体的表面交线，并补全立体的三面投影

1.

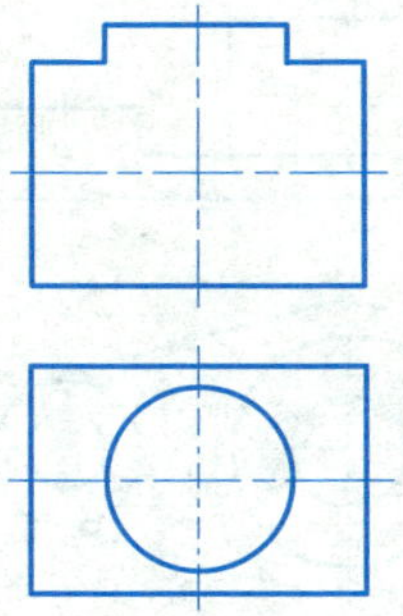

2.

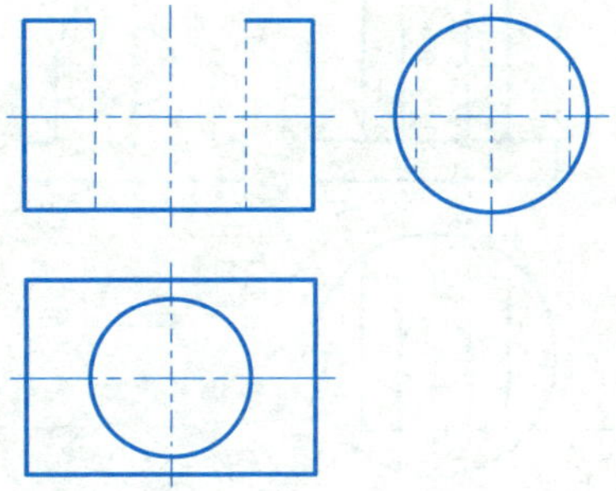

3.

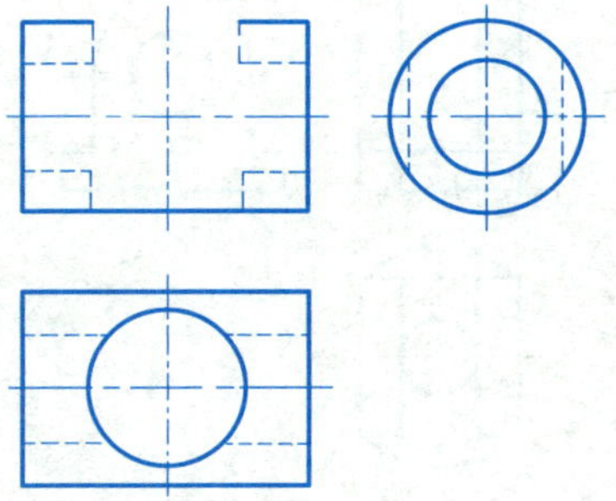

4.

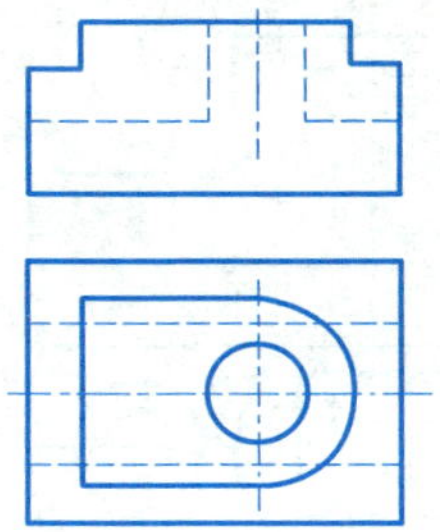

5.

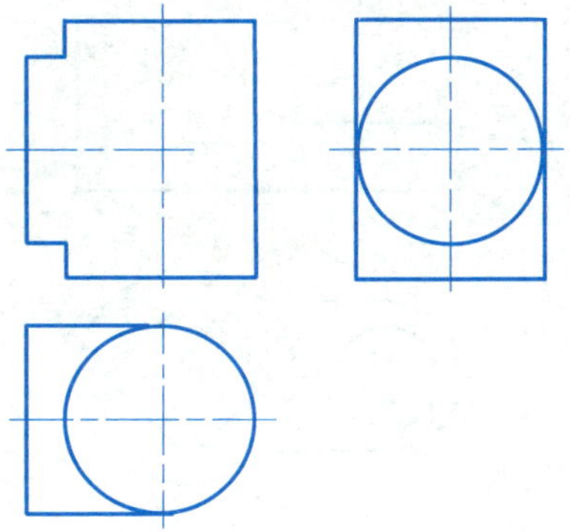

6.

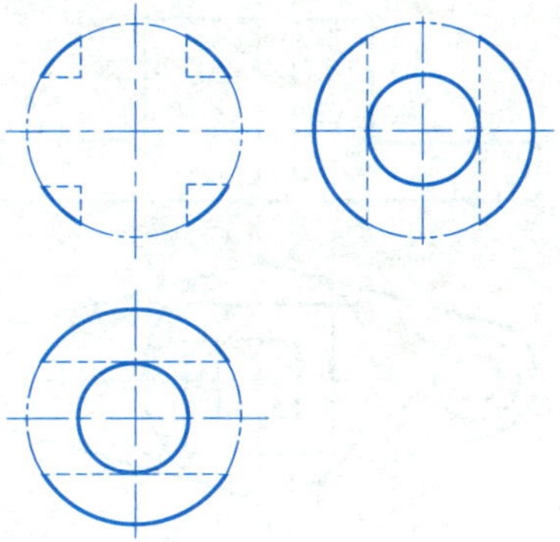

班级　　　　姓名　　　　学号

3-4　根据已知视图补画视图中的漏线

1.

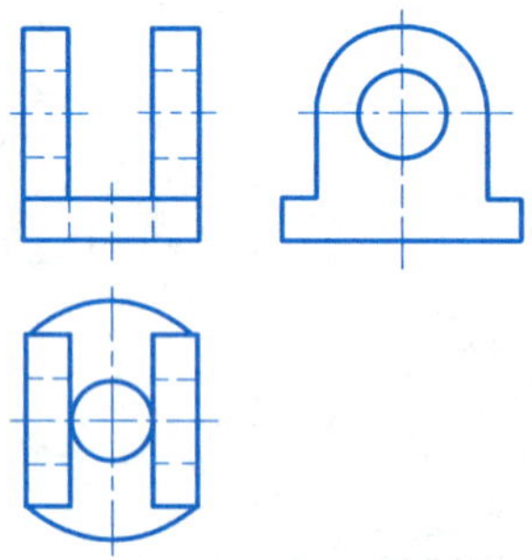

2.

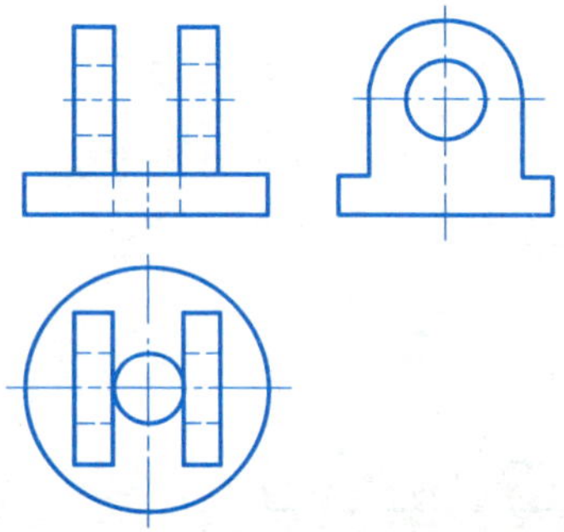

3.

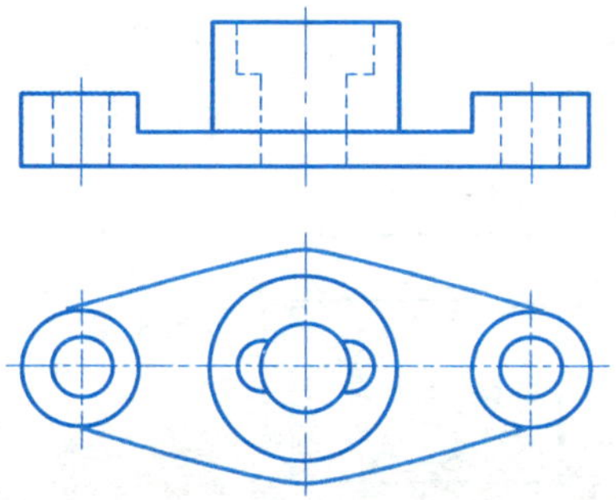

4.

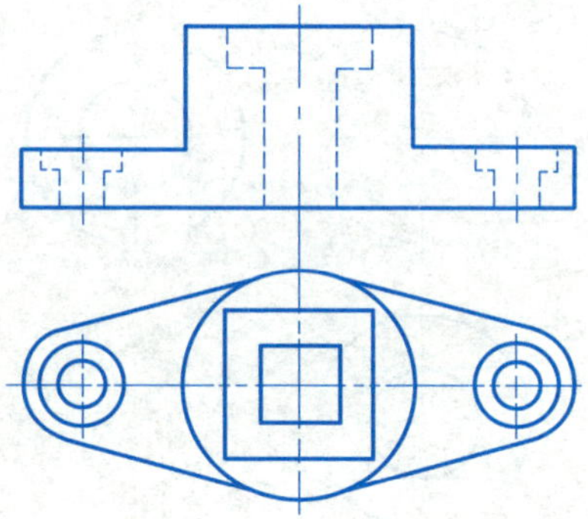

5.

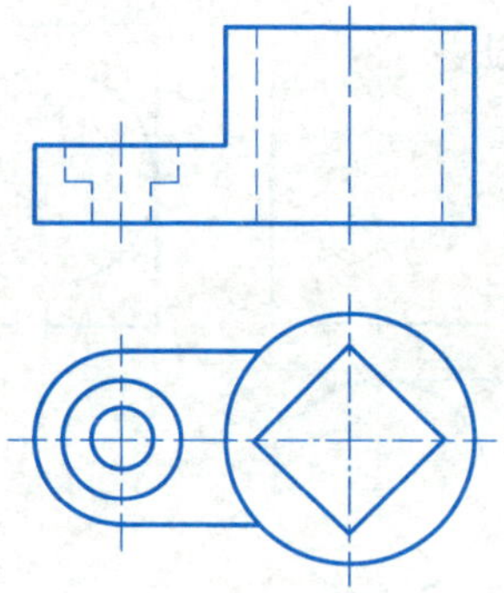

6.

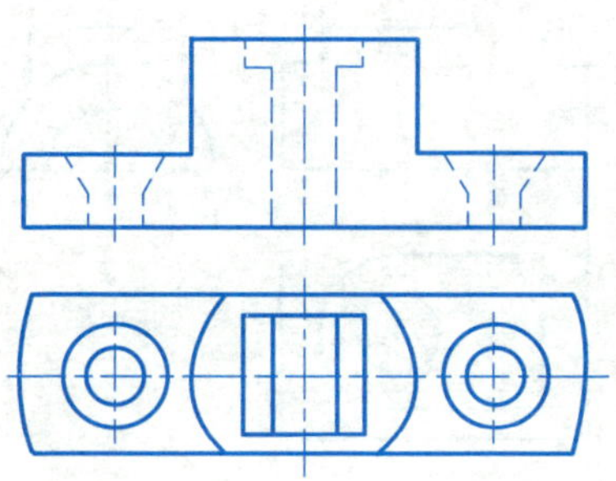

班级　　　　姓名　　　　学号

3-5　标注组合体的尺寸，按 1∶1 的比例在图中量取尺寸

1.

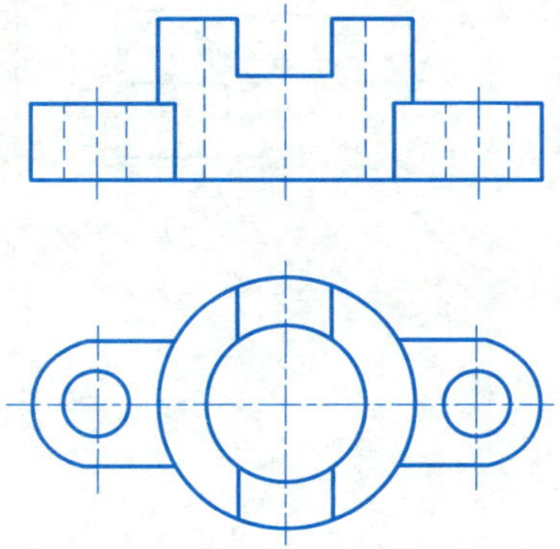

2.

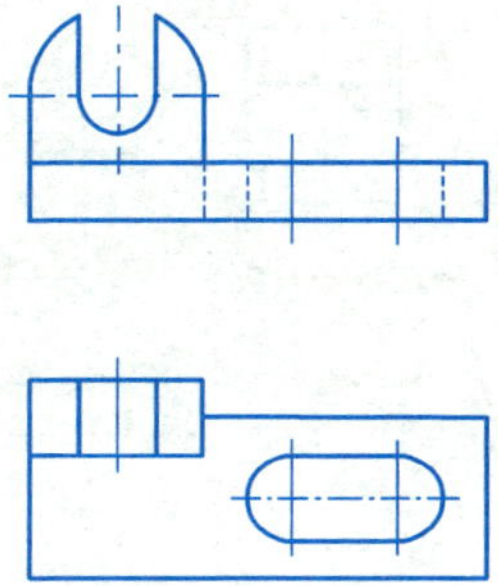

3.

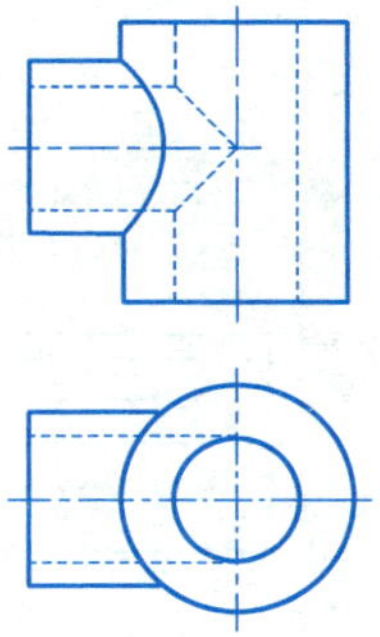

4.

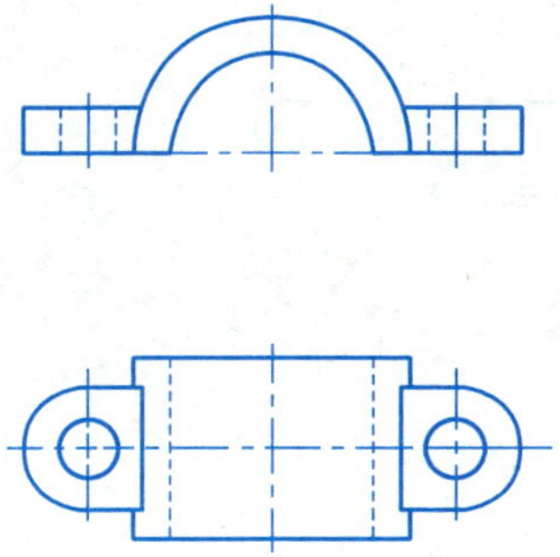

班级　　　　　　姓名　　　　　　学号

3-6　根据已知视图补画第三视图

1.

2.

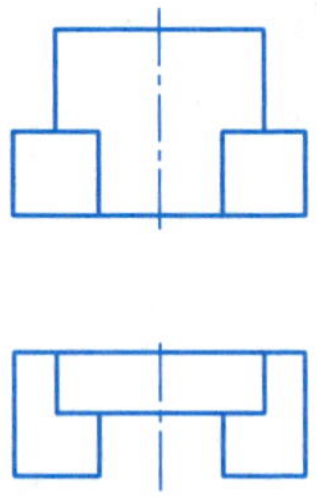

3.

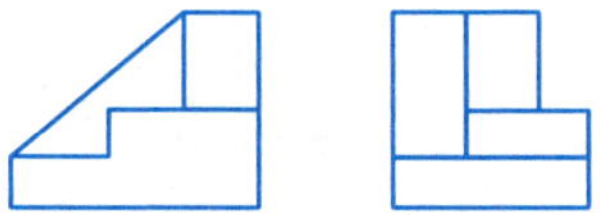

4.

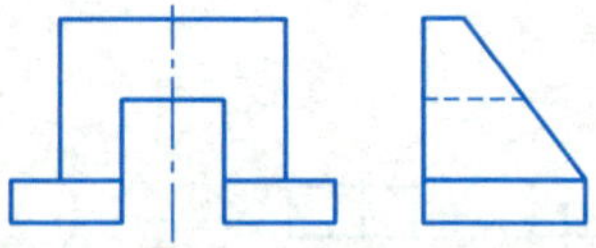

5.

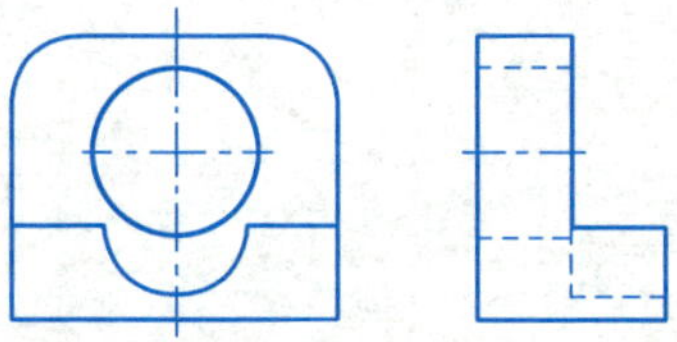

6.

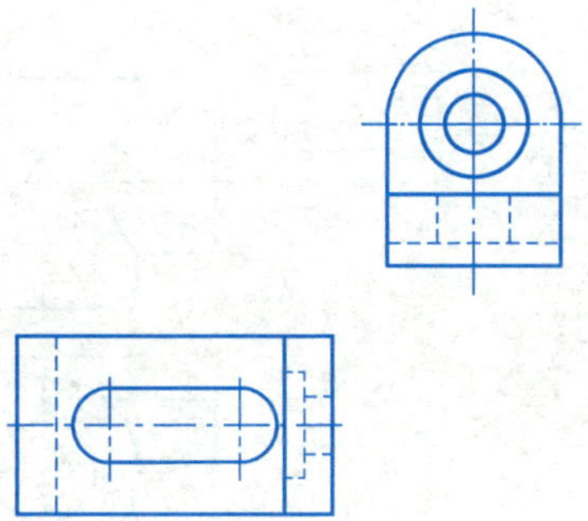

班级　　　　　　　　姓名　　　　　　　　学号

2-4 直线的投影(二)

5. 已知 AB 平行 CD，补全其两面投影。

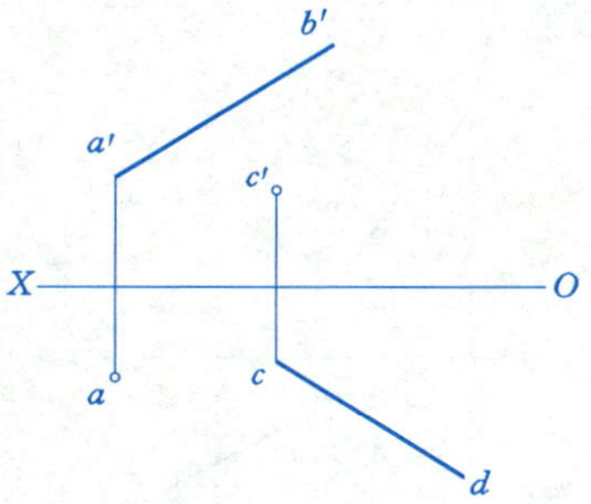

6. 过点 C 作直线 CD 与直线 AB 相交，交点距 V 面 15 mm。

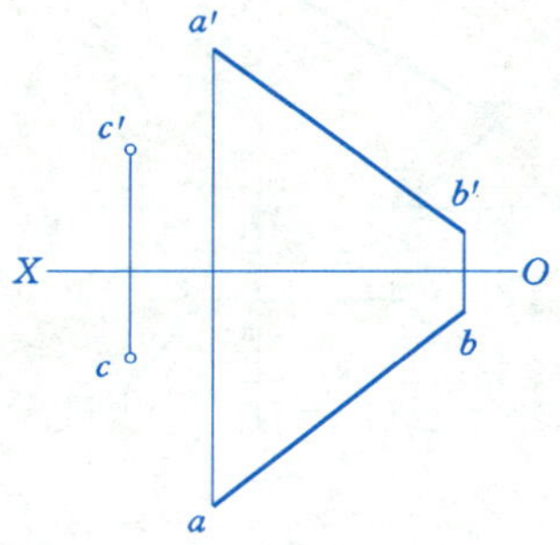

7. 作直线 MN 平行 AB，且与 CD、EF 相交。

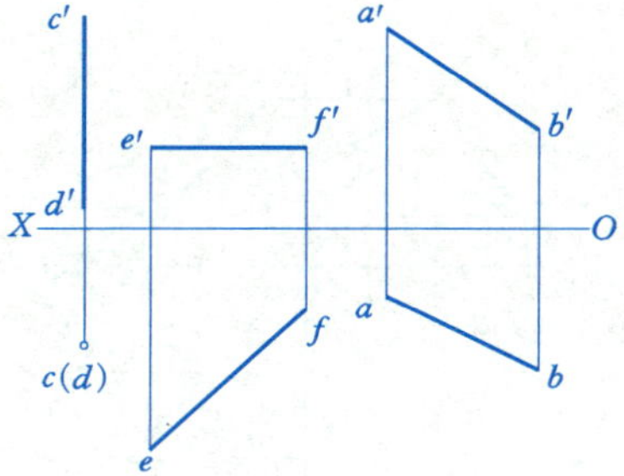

8. 判断两直线 AB 和 CD 的相对位置。

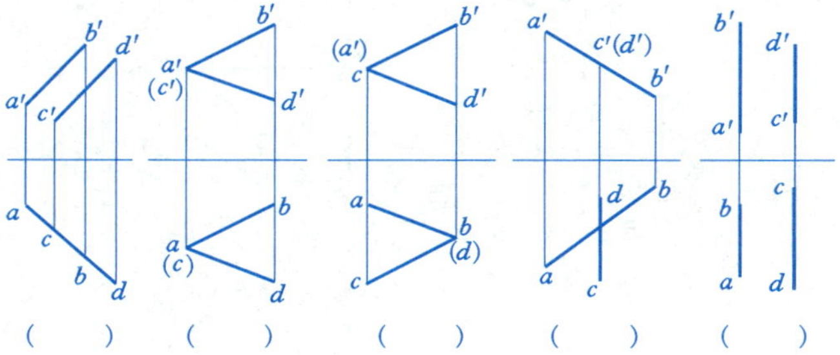

9. 用字母标出交叉两直线重影点的投影。

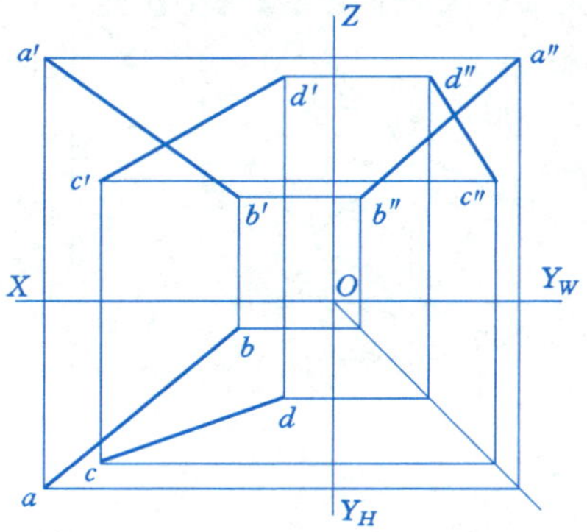

班级　　　　姓名　　　　学号

2-5　平面的投影

1. 已知△*ABC* 的两面投影，求作其第三面投影。

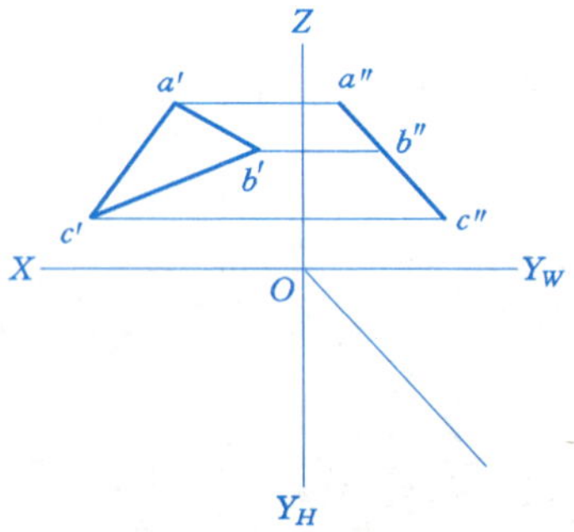

2. 补全平面图形的投影。

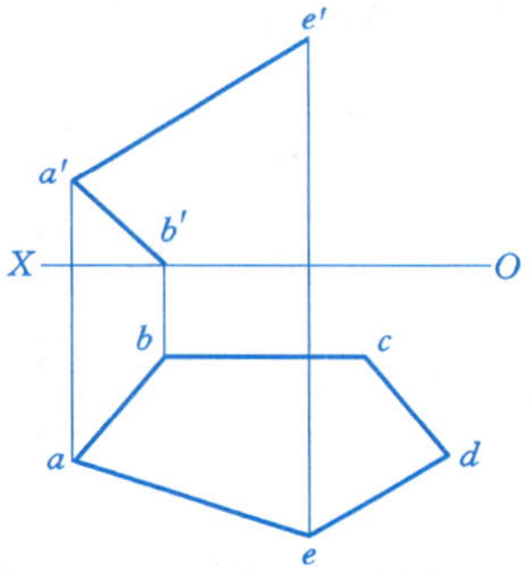

3. 已知点 *K* 属于△*ABC* 平面，完成△*ABC* 的正面投影。

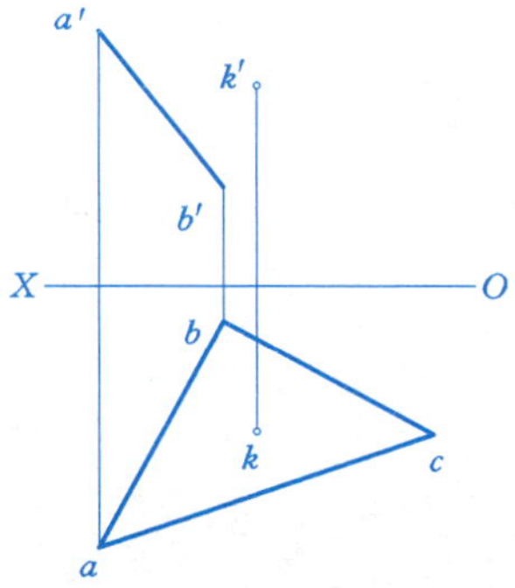

4. 已知 *AC* 为正平线，补全平行四边形 *ABCD* 的水平投影。

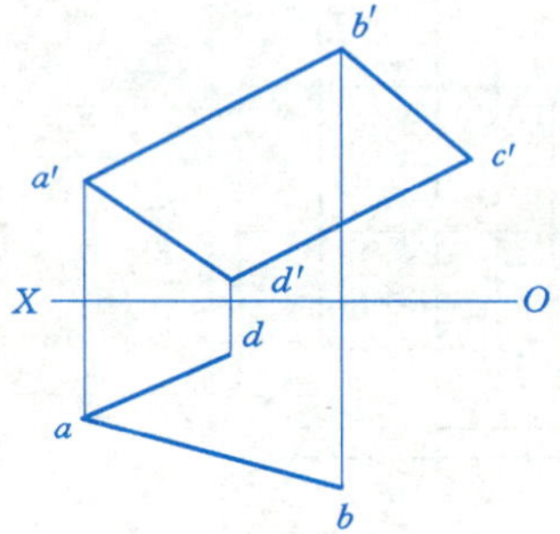

5. 补全平面图形 *PQRST* 的两面投影。

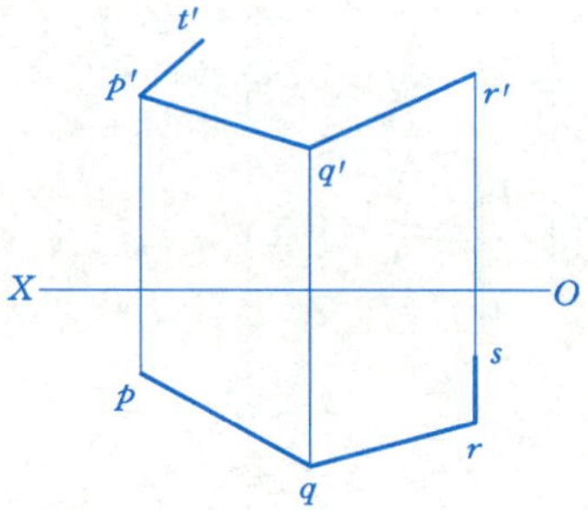

6. 在△*ABC* 内作距 *V* 面为 15 mm 的正平线。

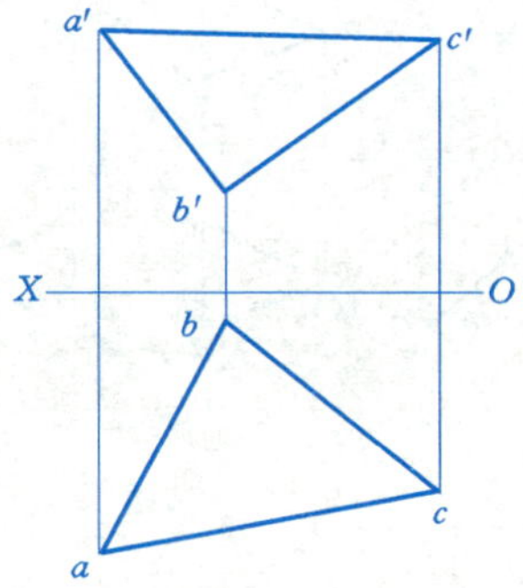

班级　　　　　　姓名　　　　　　学号

3-7　根据轴测图画出组合体的三视图(未注孔深的孔均为通孔),并标注尺寸(图纸幅面和比例自定)

1.

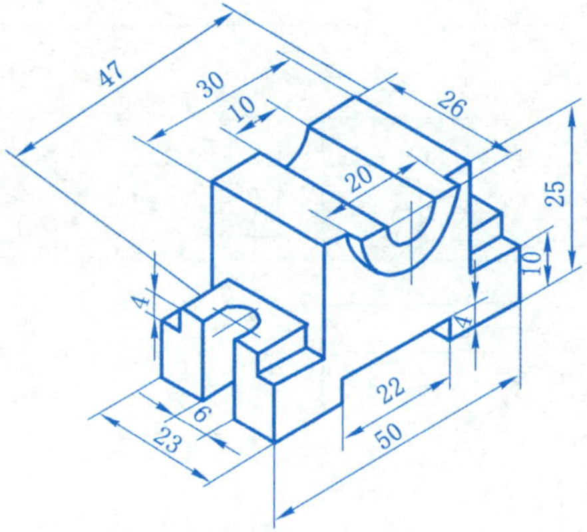

2.

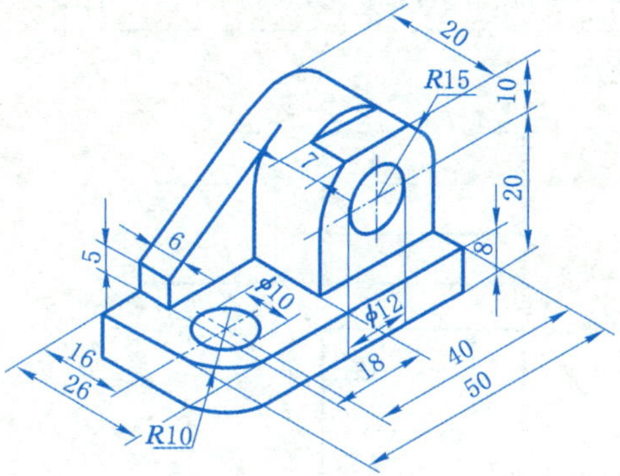

3.

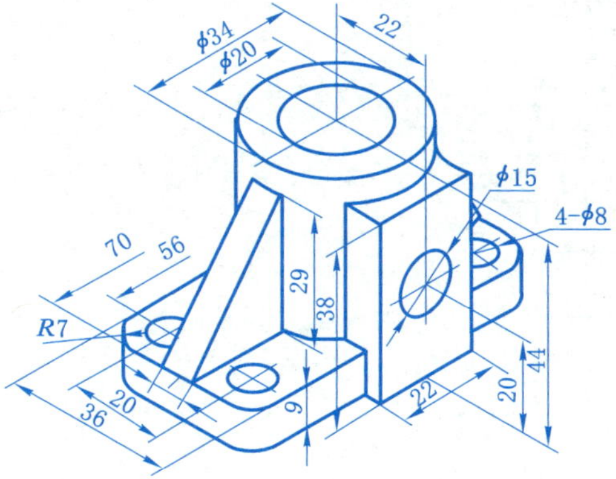

4.

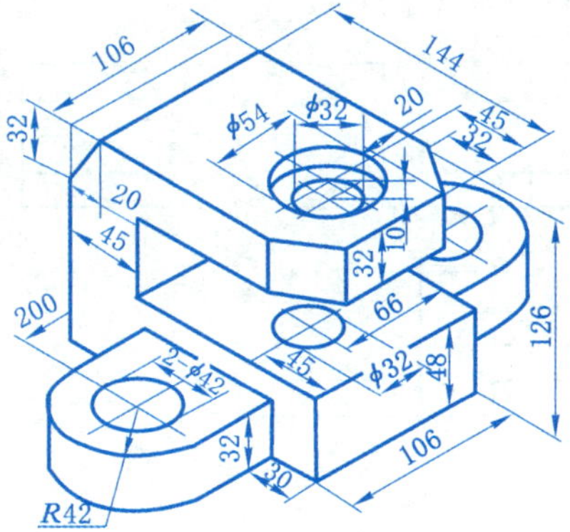

班级　　　　　　　　　　姓名　　　　　　　　　　学号

项目4 轴 测 图

4-1 根据已知视图徒手画轴测图(尺寸在视图上按 1∶1 量取)

1. 画正等轴测图。

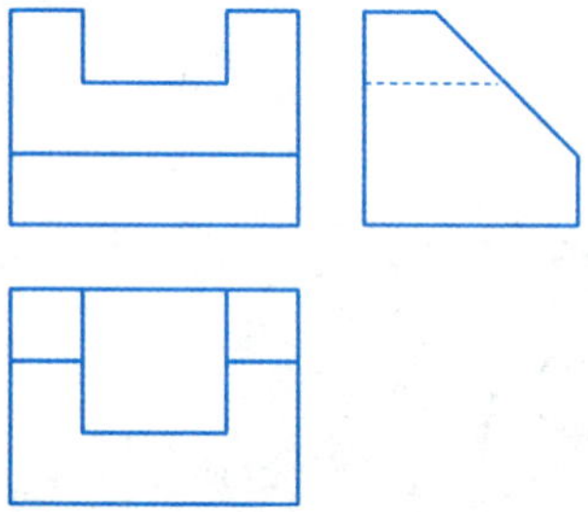

2. 画正等轴测图。

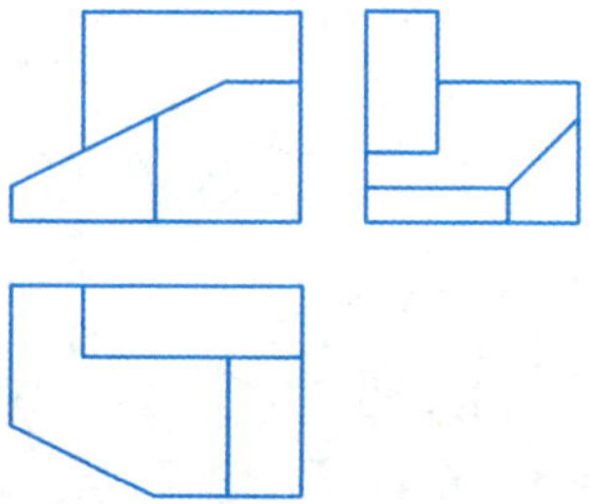

3. 画正等轴测图。

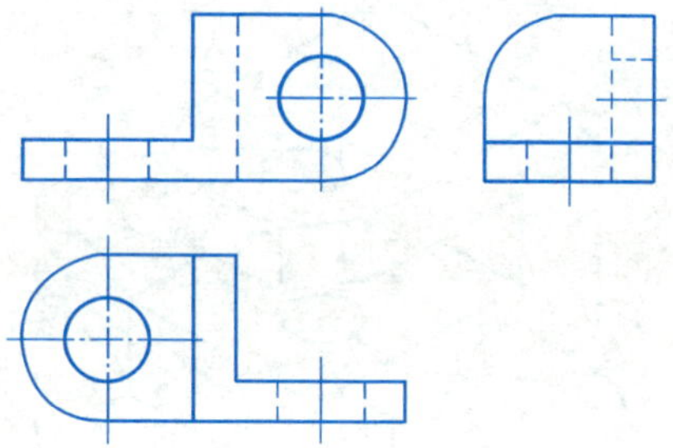

4. 画斜二轴测图(注意 y 轴方向取一半)。

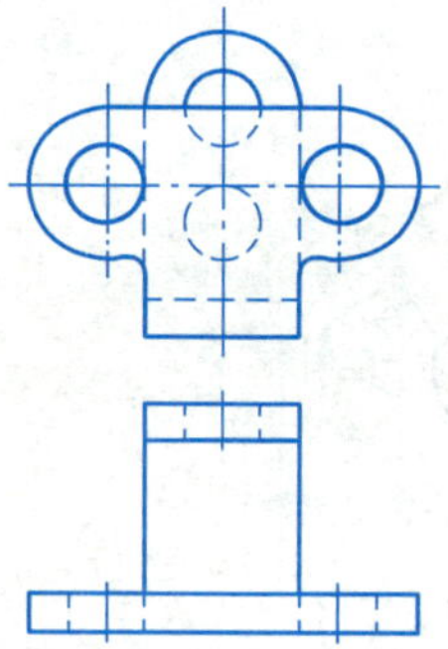

班级 姓名 学号

4-2　根据平面体的两面视图补画第三视图，并画出轴测图(尺寸在视图上按 1：1 量取)

1. 画正等轴测图。

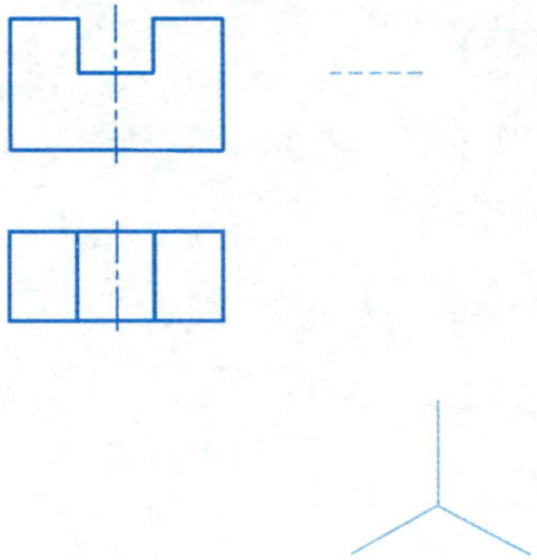

2. 画正等轴测图。

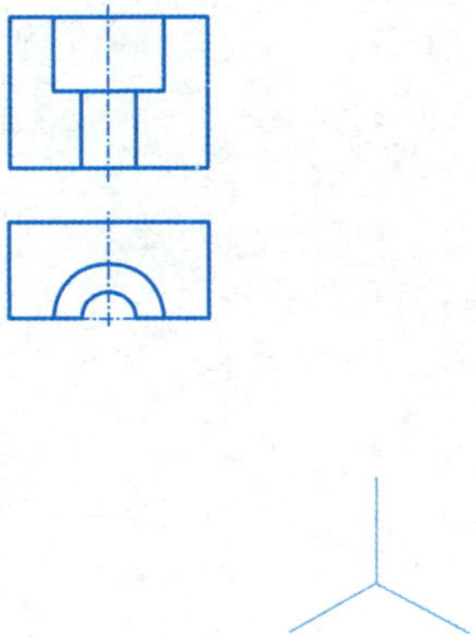

3. 画斜二轴测图(注意 y 轴方向取一半)。

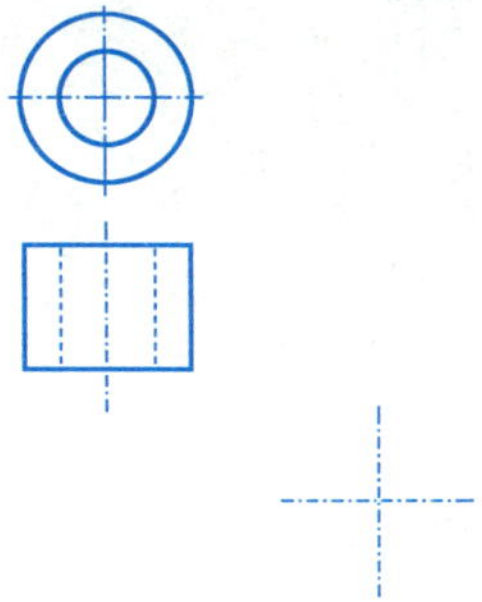

4. 画斜二轴测图(注意 y 轴方向取一半)。

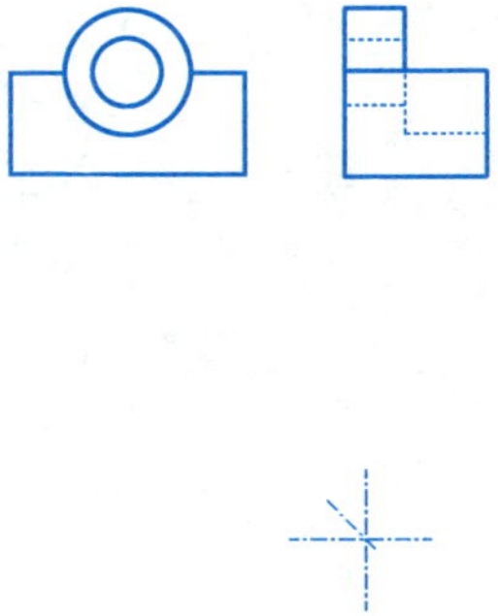

班级　　　　　　　　姓名　　　　　　　　学号

4-3　画出机件的轴测图(比例 1∶1,用 A4 图纸)

1. 根据视图画出正等轴测图。

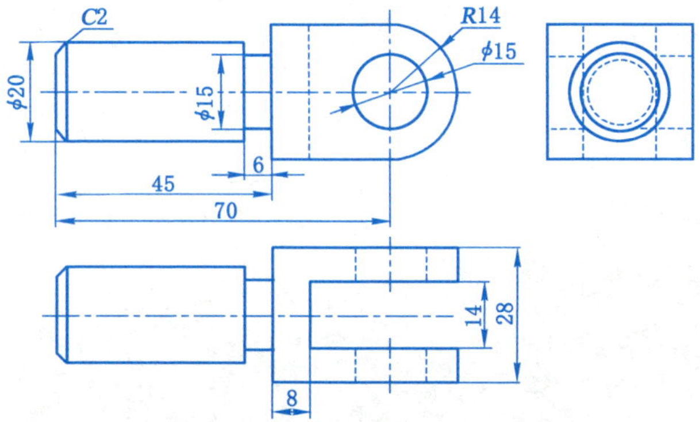

2. 根据视图画出斜二轴测图。

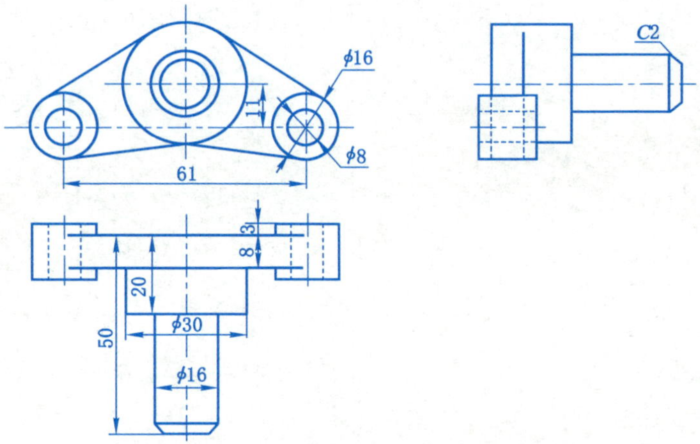

班级　　　　　　　　　姓名　　　　　　　　　学号

项目5 图样的基本表示法

5-1 视图

1. 根据主、左、俯视图补画右、仰、后视图，并按规定标注。

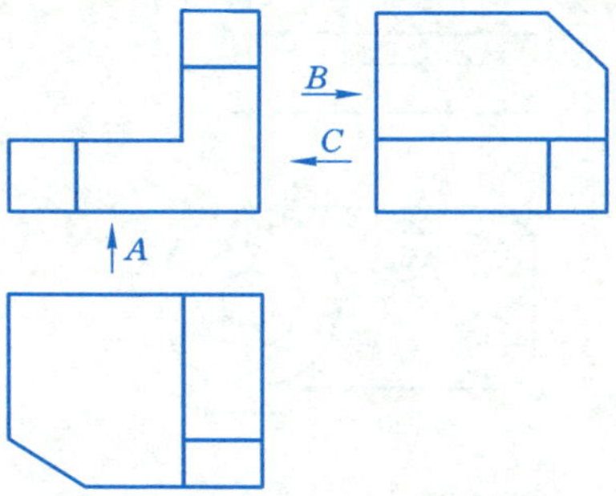

C　　B

A

2. 分别画出 *A* 处和 *B* 处的斜视图和局部视图，并按规定标注。

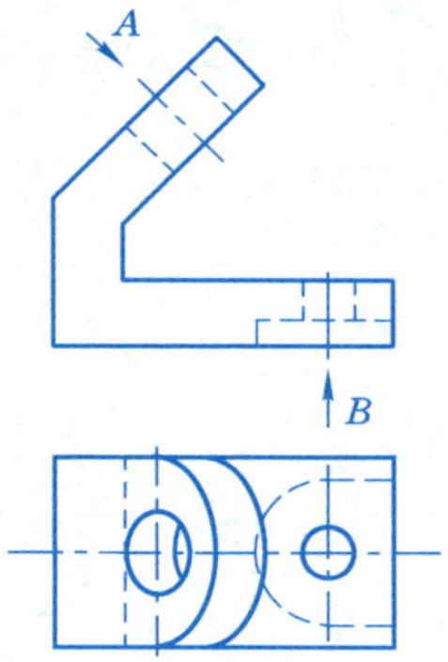

3. 按箭头所指画出斜视图，并按规定标注。

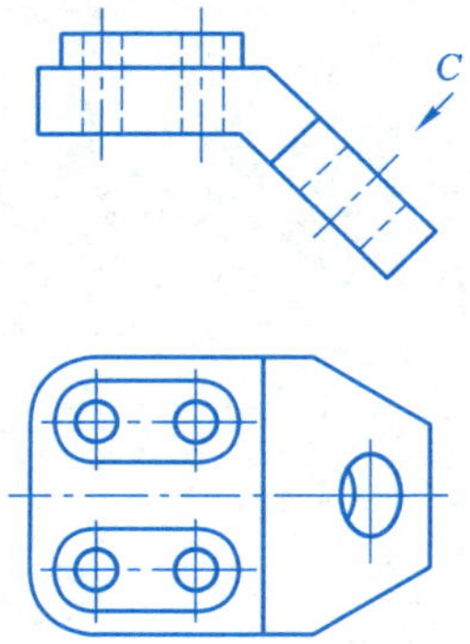

班级　　　　姓名　　　　学号

5-2　剖视

1. 利用几个平行的剖切面剖开机件，并画出全剖视。

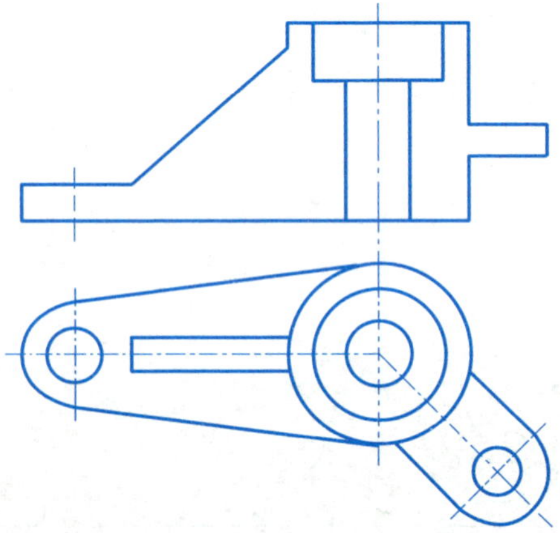

2. 把主、俯视图画成半剖视图。

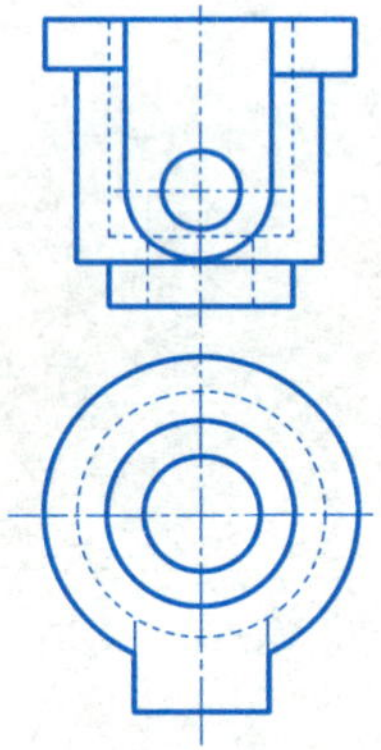

3. 将主、俯视图改画成局部剖视图。

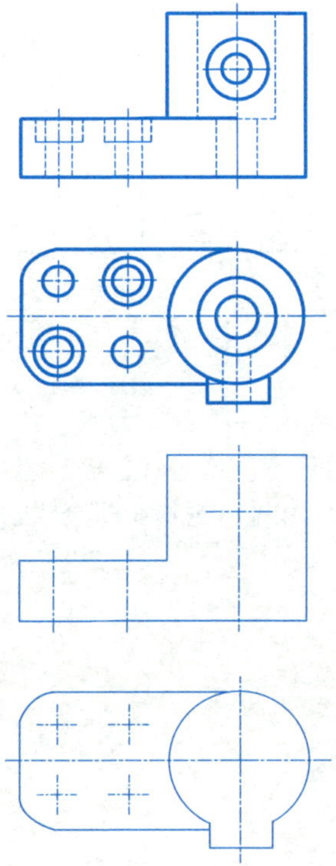

班级　　　　姓名　　　　学号

5-3　断面图和局部放大图

1. 在指定位置作断面图和局部放大图(比例 2∶1,圆角 R 为 0.5 mm),并按规定进行标注(左边键槽深为 4 mm,半圆键槽宽为 5 mm)。

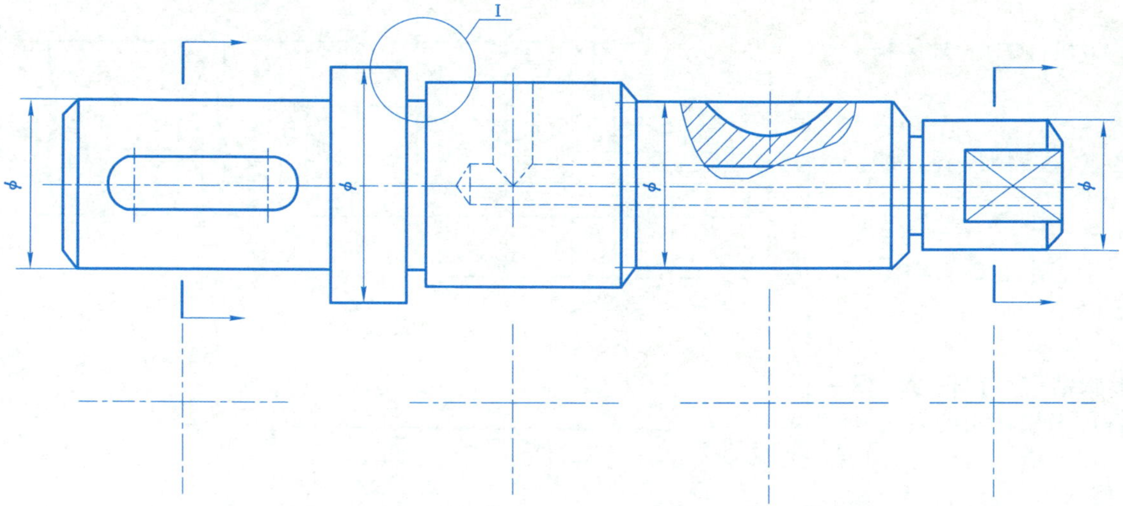

2. 在指定位置画出重合断面图。

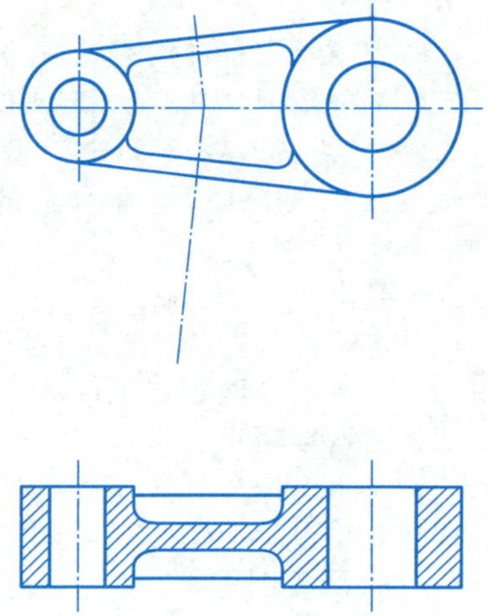

3. 找出正确的移出剖面。

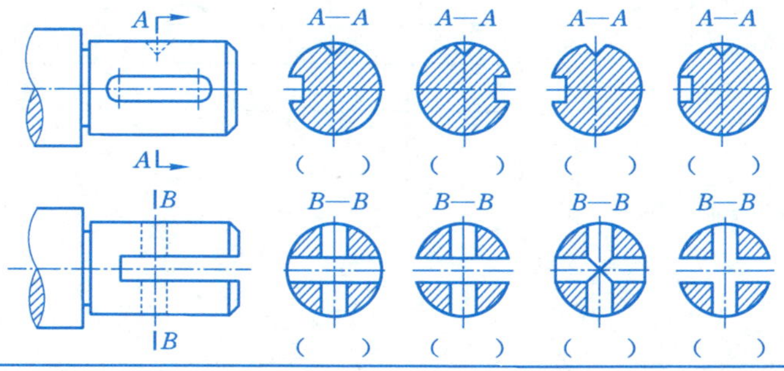

4. 在指定位置画出重合断面图。

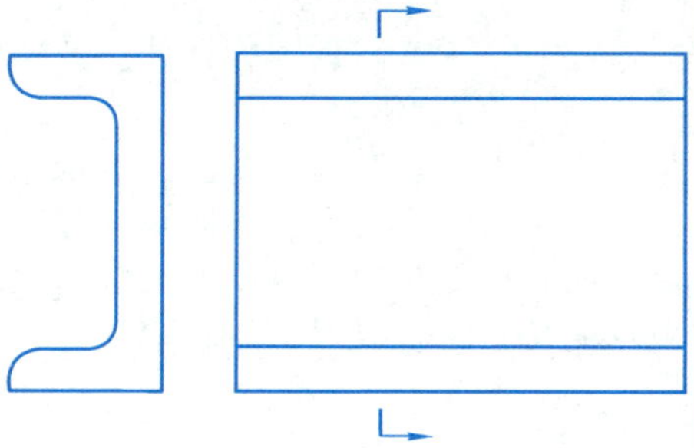

班级　　　　　　姓名　　　　　　学号

作业　剖　视　图

一、目的

(1) 运用常用机件的表达方法，表示出机件的内、外结构。

(2) 掌握剖视图的画法和标注方法。

二、内容

根据提供的视图，选择合适的表达方法绘制图样，并标注尺寸。

三、要求

(1) 将图样画在 A3 图纸上，图名为剖视图，比例自定。

(2) 完整清晰地表达机件的内、外结构。

四、注意事项

(1) 应用形体分析法，看清物体的形状结构。首先考虑把主要结构表达清楚，对尚未表达清楚的结构可采用适当的表达方法(辅助视图、剖视图等)或改变投射方向予以解决。可多考虑几种表达方案，并进行比较，从中确定最佳方案。

(2) 剖视图应直接画出，而不是先画成视图再将视图改成剖视图。

(3) 要注意剖视图的标注。分清哪些剖切位置可以不标注，哪些剖切位置必须标注。

(4) 要注意局部剖视图中波浪线的画法。

(5) 剖面线的方向和间隔应保持一致。

(6) 不要照抄图例中的尺寸注法。应用形体分析法，结合剖视图的特点标注尺寸，确保所注尺寸既不遗漏也不重复。

1.

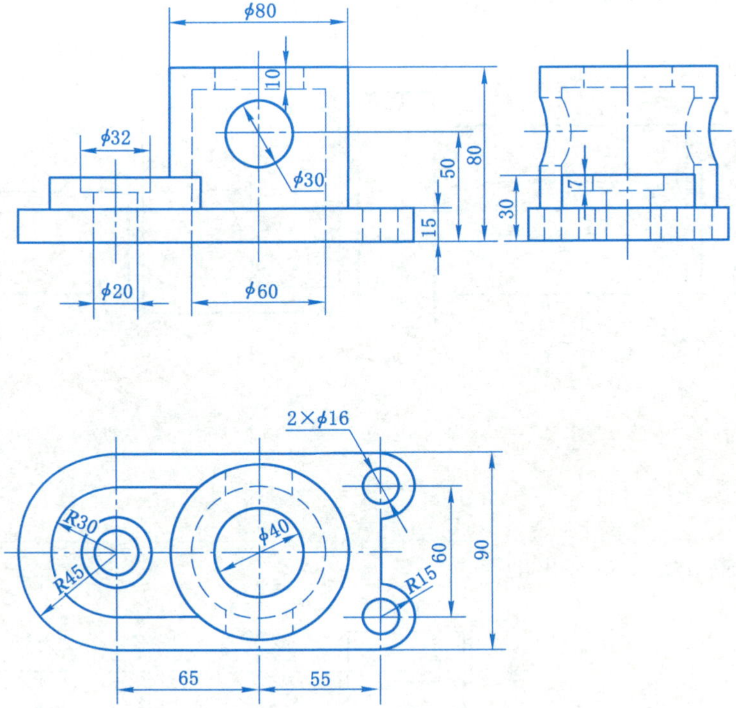

班级　　　　姓名　　　　学号

5-5　根据所给视图，用剖视图及其他视图表达机件各部分结构，并标注尺寸（二）

2.

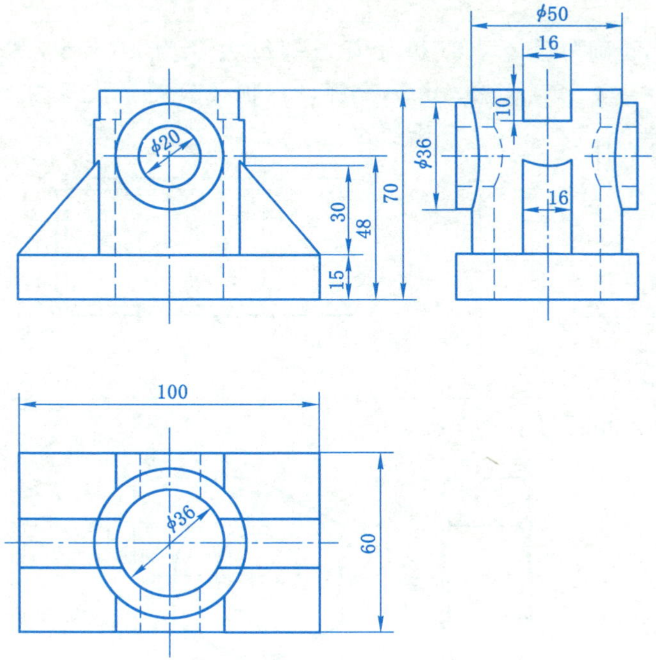

3.

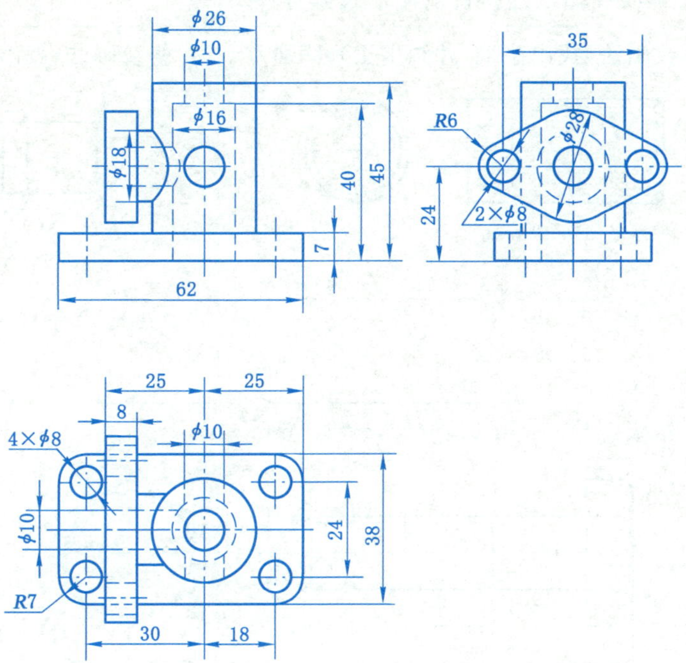

班级　　　　　　　　　姓名　　　　　　　　　学号

项目 6　图样的特殊表示法

6-1　螺纹和螺纹连接件的画法及其标注

1. 螺纹画法(找出错误，并画出正确图形)。

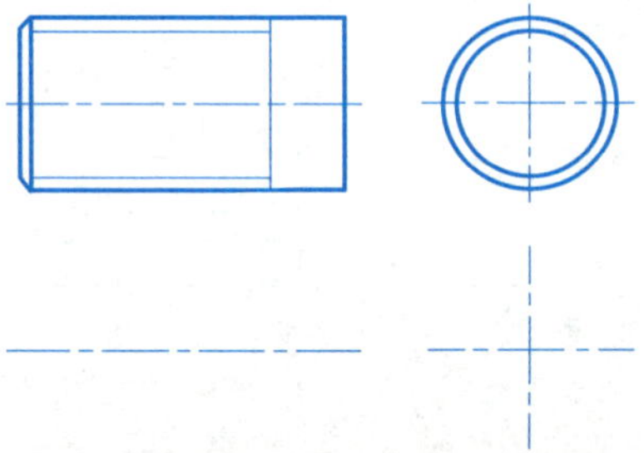

2. 螺纹画法(找出错误，并画出正确图形)。

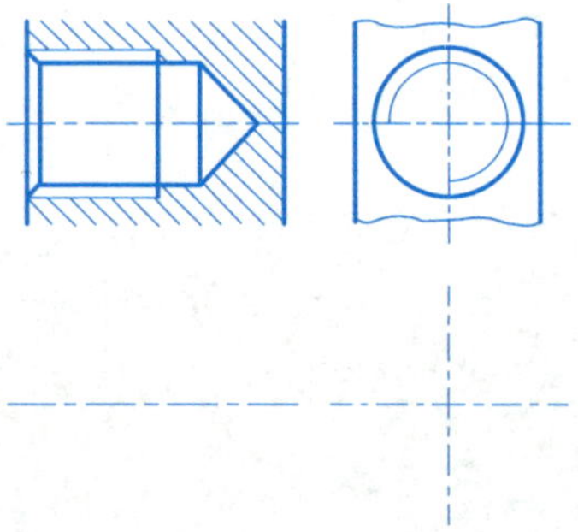

3. 粗牙普通螺纹大径为 16 mm，螺距为 2 mm，右旋，中、顶径公差带代号为 6g，旋合长度为 *L*。

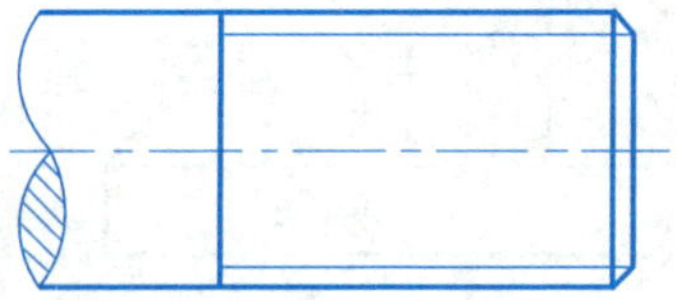

4. 六角头螺栓——C 级：M12，*l*＝45 mm。

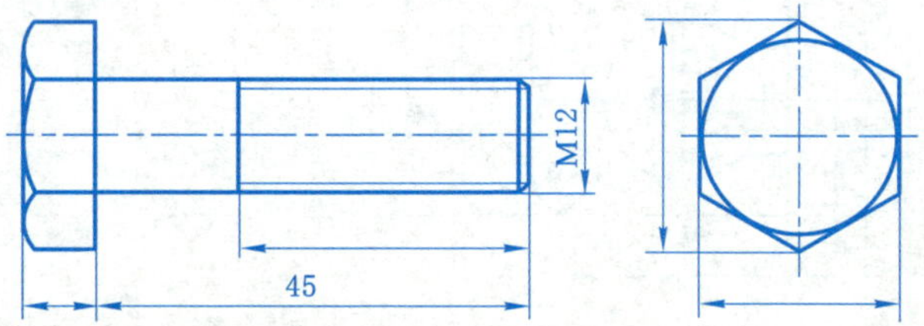

标记：____________________

5. Ⅰ型六角螺母——A 级。

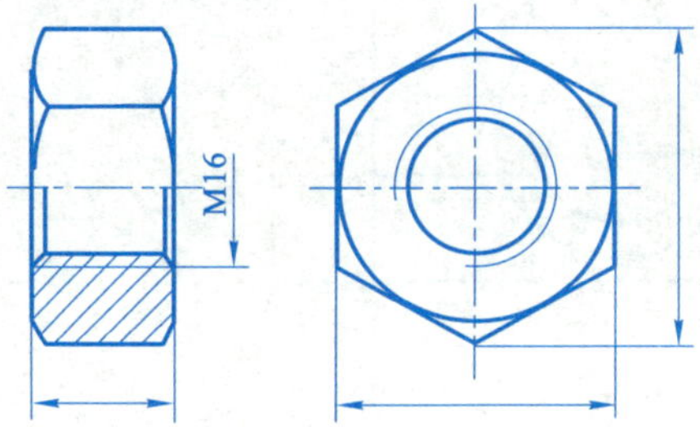

标记：____________________

班级　　　　姓名　　　　学号

6-2　螺纹连接图

作业　螺纹连接

一、目的

掌握比例画法作图，熟悉作图要点。

二、内容

用比例画法画螺栓连接的主、俯视图，双头螺柱连接的主视图，螺钉连接的主、俯视图。

（1）已知螺栓为 M20，螺母为 M20，垫圈为 20 mm。

（2）已知双头螺柱为 M24，螺母为 M24，弹簧垫圈为 M24。

（3）已知开槽沉头螺钉为 M18。

三、要求

（1）用 A4 图纸，竖放，采用 1∶1 作图。

（2）标注必要的尺寸。

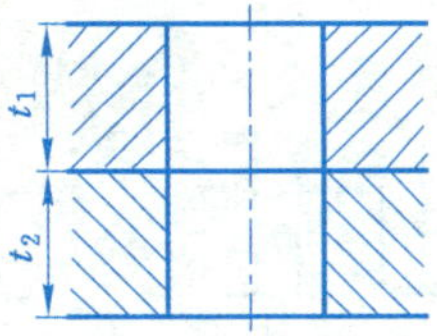

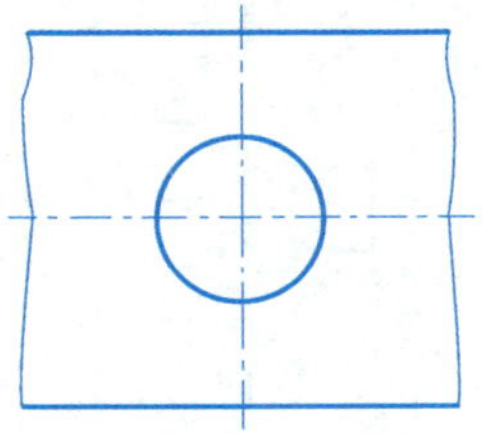

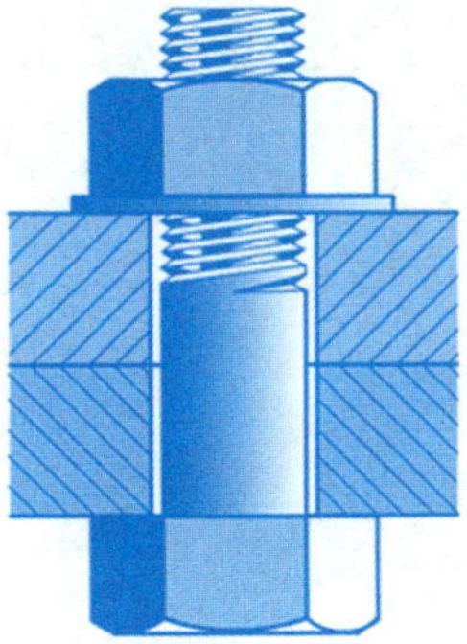

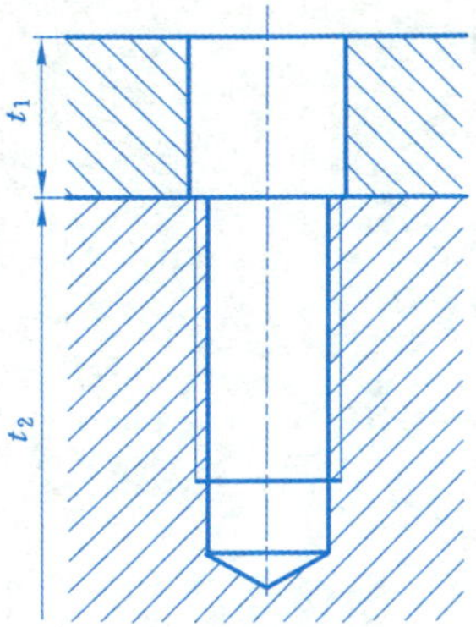

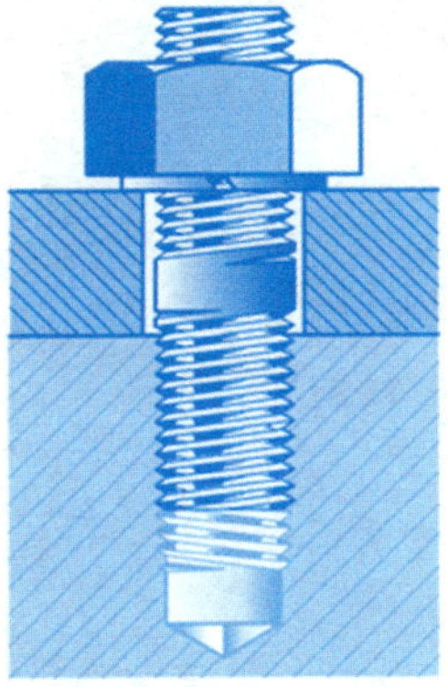

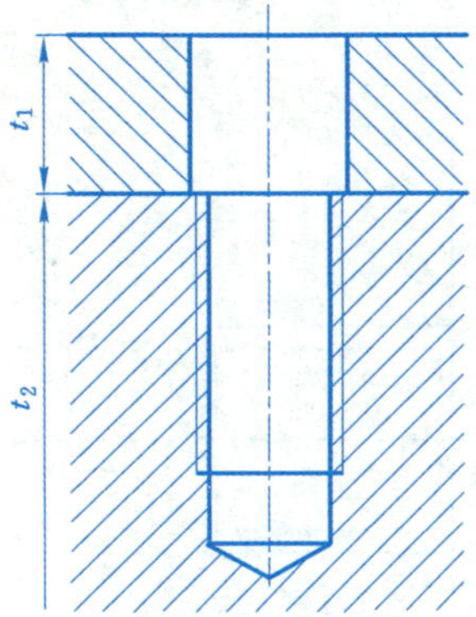

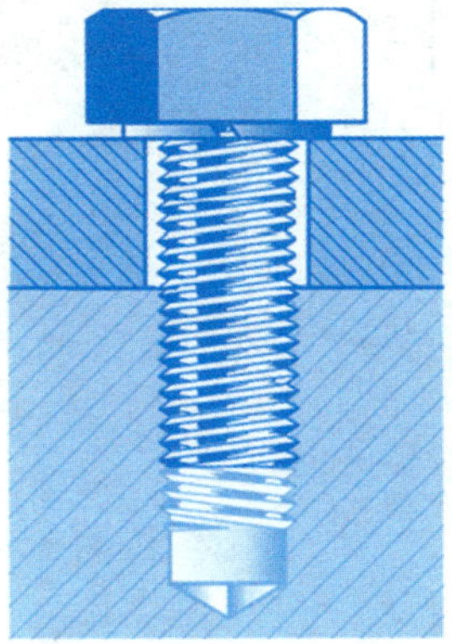

班级　　　　　　姓名　　　　　　学号

6-3 直齿圆柱齿轮及其啮合画法

1. 已知标准直齿圆柱齿轮的齿数 $z=30$，模数 $m=3$，计算确定各部分尺寸并画其两视图。

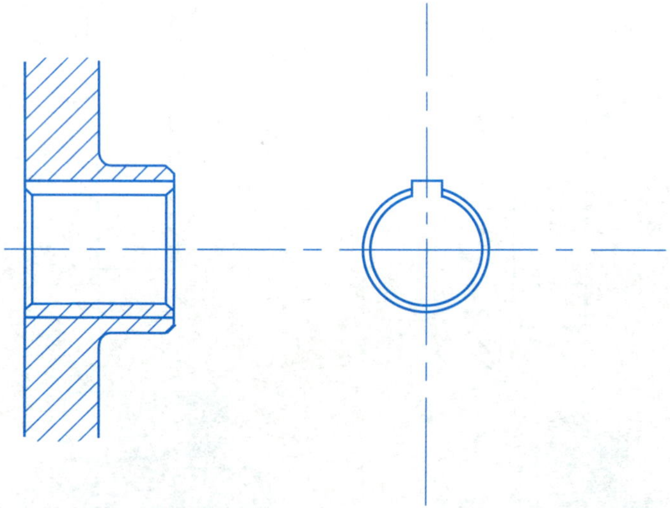

2. 已知直齿圆柱大齿轮的齿数 $z_1=40$，模数 $m=4$，小齿轮的齿数 $z_2=20$。试计算两齿轮的基本尺寸，并用 1∶2 的比例绘图。

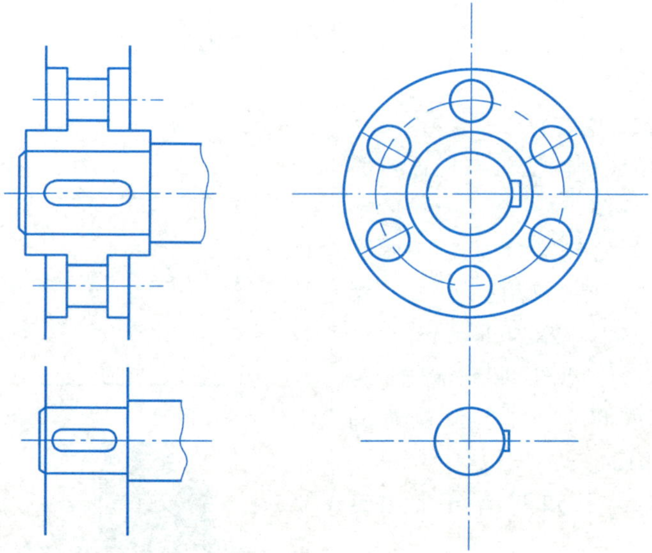

班级　　　　　　姓名　　　　　　学号

6-4　齿轮、轴、键连接图画法(查表为轴和齿轮设计键槽,并补全各零件及装配体的投影图)

1. 已知轮孔径 $\phi25$ mm、长 35 mm 的铸铁件,试查手册画平键槽并标注尺寸。

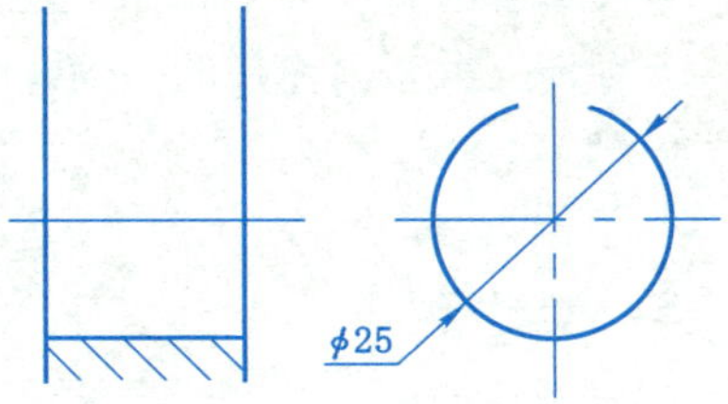

2. 已知轴径为 $\phi25$ mm,试根据题 1 轮的厚度,查手册画轴键槽并标注尺寸。

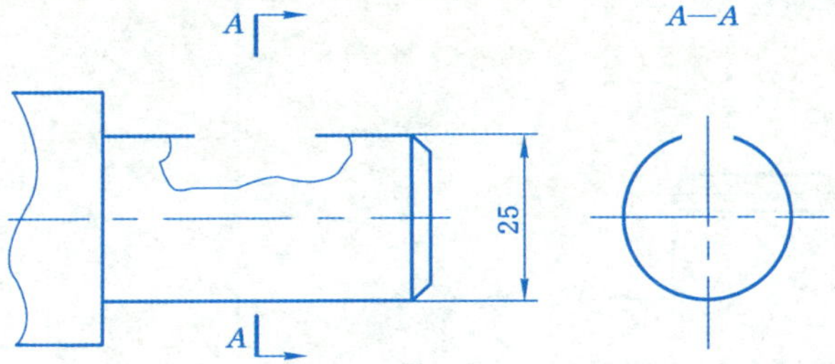

3. 根据题 1、2,画其普通平键连接图(轮紧靠阶梯轴肩),并作 A—A 剖视图。

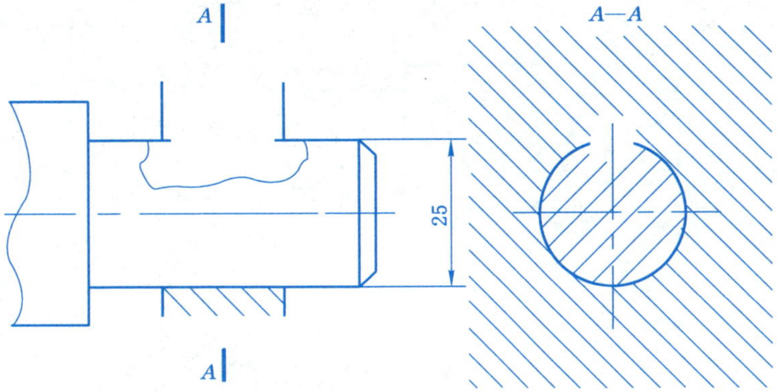

班级　　　　姓名　　　　学号

6-5　圆柱销、滚动轴承、弹簧的画法

1. 齿轮与轴用直径为 10 mm 的圆柱销连接，画出销连接的剖视图，比例 1∶1，并写出圆柱销的规定标记。 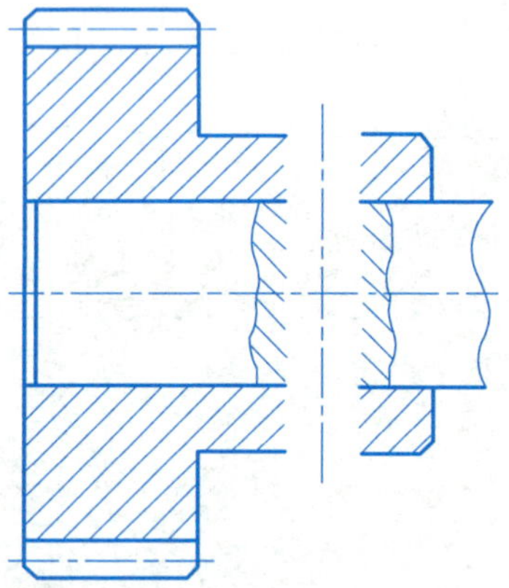 销的规定标记：__________	2. 用规定画法画出 6205 轴承（右端面紧靠轴肩）。 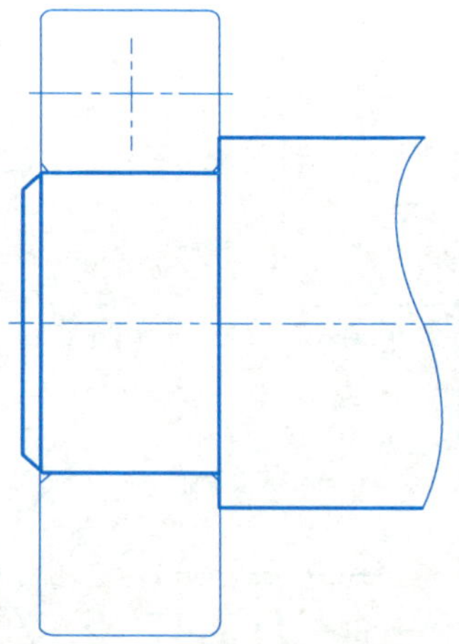	3. 已知圆柱螺旋压缩弹簧簧丝直径为 5 mm，弹簧中径为 40 mm，节距为 10 mm，弹簧自由高度为 76 mm，支承圈数 $n_0=2.5$，右旋。试画出弹簧的全剖视图，比例 1∶1。

班级　　　　　　　　姓名　　　　　　　　学号

项目 7　识读与绘制零件图

7-1　标注零件尺寸(按 1∶1 的比例从图中量取整数)和表面粗糙度

1. 选择恰当的尺寸基准标注尺寸。

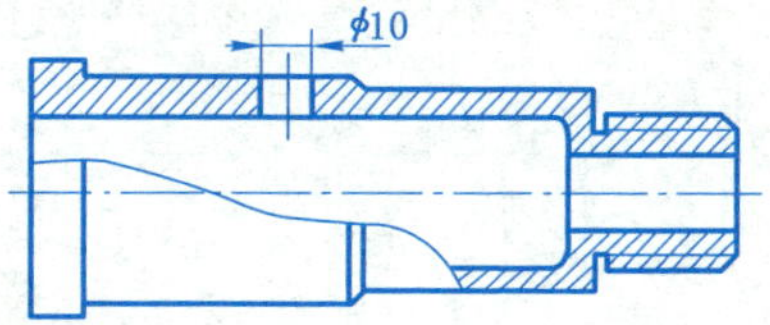

2. 标注表面结构要求，圆柱面取 *Ra* 为 1.6，倒角及锥面取 *Ra* 为 6.3，其余各平面取 *Ra* 为 3.2。

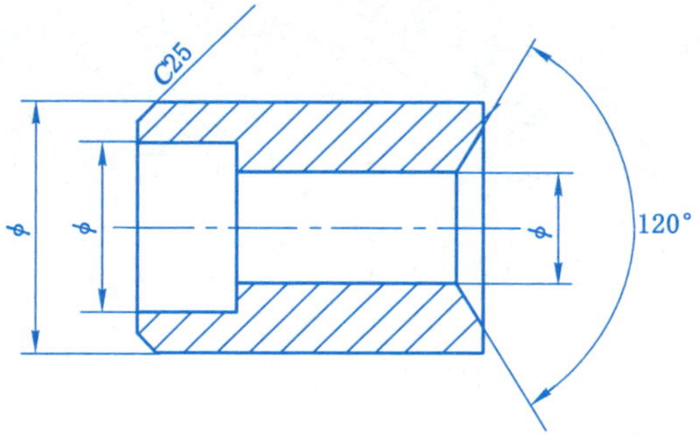

3. 在图中标注指定表面的表面结构要求。

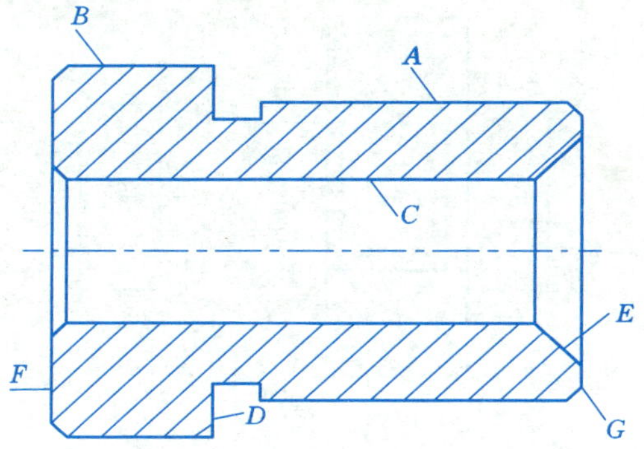

表面结构为：

A 面为 ______ Ra 6.3

B 面为 ______ Ra 3.2

C 面为 ______ Ra 0.4

D 面为 ______ Ra 3.2

E 面为 ______ Ra 1.6

F 面为 ______ Ra 1.6

G 面为 ______ Rz 12.5

其余为 Rz 25

班级　　　　姓名　　　　学号

7-2　极限与配合

根据装配图中的配合代号，在零件图上分别标出孔和轴的尺寸及公差带代号，查出偏差数值并填空。

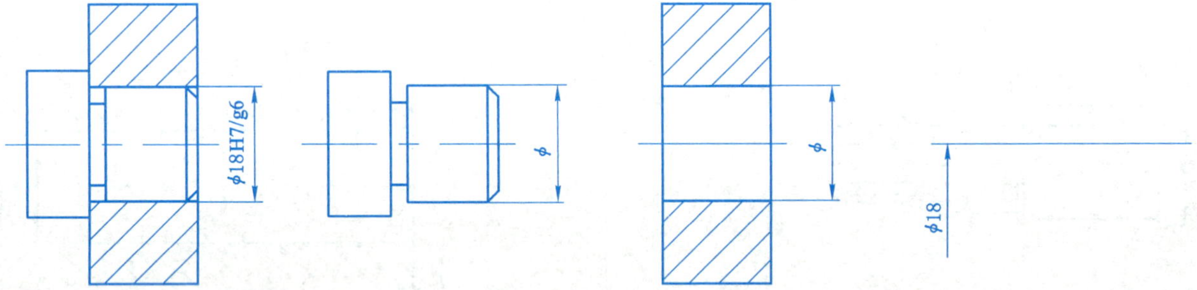

(1) 说明配合尺寸 ϕ18H7/g6 的含义：

ϕ18 表示__________，H 表示__________，g 表示__________，7 表示__________，6 表示__________，H7 表示__________，g6 表示__________，此配合是__________制配合。

(2) 计算配合尺寸 ϕ18H7/g6 中的最大、最小极限尺寸：

孔：最大极限尺寸为__________，最小极限尺寸为__________；

轴：最大极限尺寸为__________，最小极限尺寸为__________。

班级　　　　　　姓名　　　　　　学号

7-3 形位公差与工艺结构

1. 用文字说明图中公差框格标注的含义。

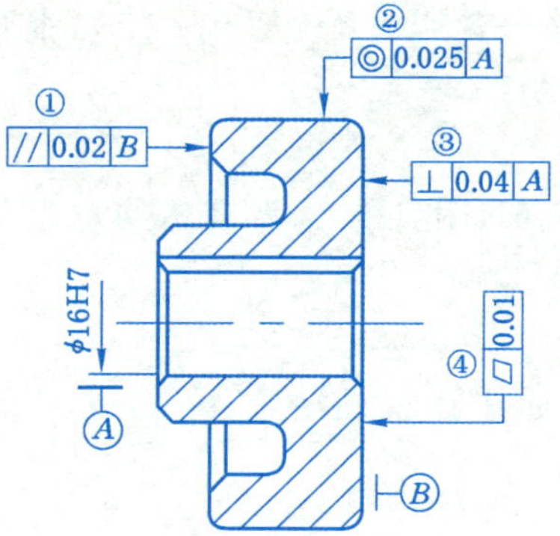

①的含义是________________。

②的含义是________________。

③的含义是________________。

④的含义是________________。

2. 将文字说明的形位公差用框格标注在图上。

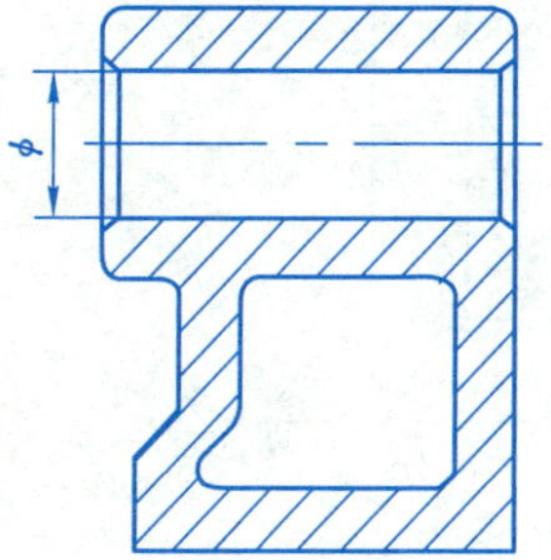

(1) 孔轴线直线度不大于 0.02 mm。

(2) 孔圆度不大于 0.005 mm。

(3) 底面平面度不大于 0.01 mm。

(4) 孔轴线对底面的平行度不大于 0.02 mm。

3. 画出 A 向视图。

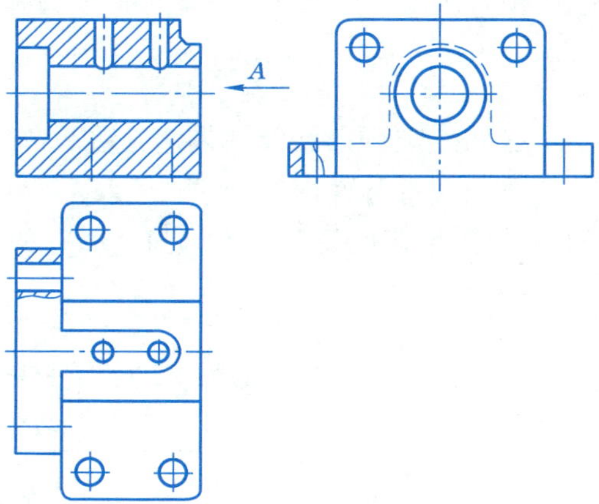

4. 补画左视图，并补全三个视图上的过渡线。

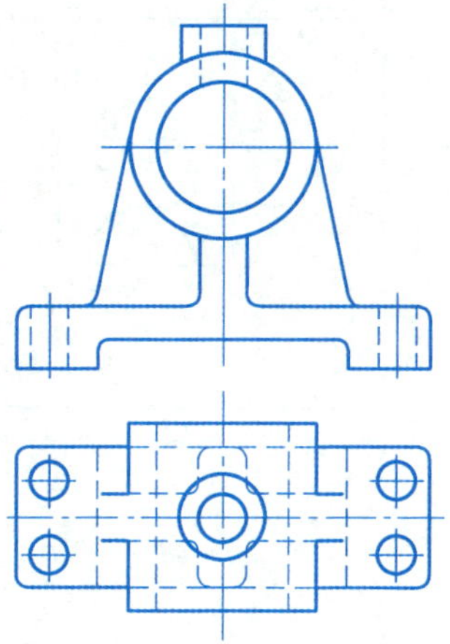

班级　　　　姓名　　　　学号

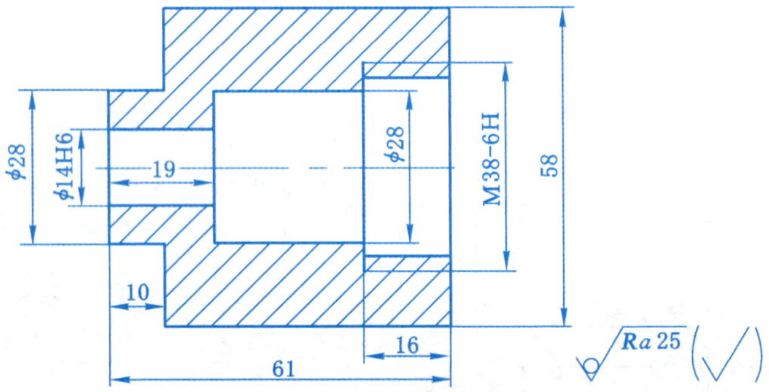

读套筒零件图并回答问题：

（1）分析套筒的结构形状，解释说明为什么采用一个主视图就可将套筒表达得非常清楚。

（2）视图中的尺寸标注出现 6H 和 H6，两者表达的意思是一样的吗？

（3）视图中表面结构要求标注在视图的右下方，这是什么意思？

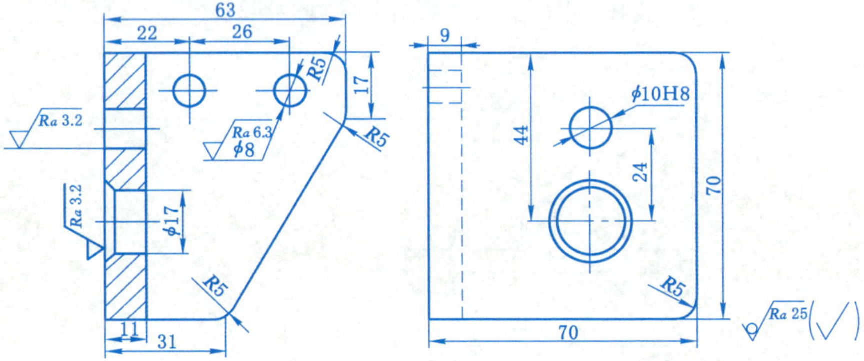

读图要求

（1）分析支架的形状及其表达方法。

（2）指出尺寸标注的基准。

（3）在没有其他视图的情况下，现有的表达方案完整吗？

支架	比例	1∶1	材料	Q235
	图号		数量	1
制图		（校名）		
审核				

班级　　　　姓名　　　　学号

7-5 画零件图

在 A3 图纸上按要求画出齿轮轴的零件图，键槽和螺纹退刀槽的尺寸查表确定。表面结构及要求如下，材料为 45 钢。

表面	尺寸	$Ra/\mu m$	配合
A	1×45°	6.3	
B	ϕ20×14	1.6	js6
C	2×ϕ18	6.3	
D	ϕ24×12	1.6	
E	m=2，z=15，齿宽 30，α=20°	3.2	
F	ϕ21×11	6.3	
G	2×ϕ18	6.3	
H	ϕ20×14	1.6	js6
J	ϕ18×29	6.3	
K	锥度 1:10，长度 28	1.6	
L	2×ϕ12	6.3	
M	M14-6g	6.3	
N	键长 22，居中分布	3.2	
未注明倒角全为 C1			

技术要求

1. 调质 220～250HBS。
2. 齿面淬火 50～55HRC。
3. 锐角打毛刺 (0.2°～0.5°)×45。
4. 表面处理：发蓝。
5. 中心孔 B1/3.15 GB 145—2001。

班级　　姓名　　学号

项目 8　识读与绘制装配图

8-1　拼画千斤顶装配图

作业指导书

一、目的

熟悉和掌握装配图的内容及表达方法。

二、内容和要求

(1) 仔细阅读千斤顶的零件图，并参照千斤顶装配示意图拼画千斤顶装配图。

(2) 绘图比例及图纸幅面根据千斤顶零件图的尺寸自己确定，装配图绘图比例建议采用 1∶1，用 A2 幅面。

三、注意事项

(1) 参考千斤顶的动画演示，搞清千斤顶的工作原理及各个零件的装配、连接关系。

(2) 根据千斤顶的装配示意图及零件图，选定表达方案。要先在草稿纸上试画，经检查无误后，再正式绘制。

(3) 标准件尺寸已由教材图 9-5 给出。

(4) 应注意，相邻零件剖面线的倾斜方向要有明显的区别。

四、图例

千斤顶装配示意图及千斤顶零件图见教材图 1-2 和图 9-5。

班级　　　　姓名　　　　学号

8-2 读装配图

读懂钻模装配图，并回答问题。

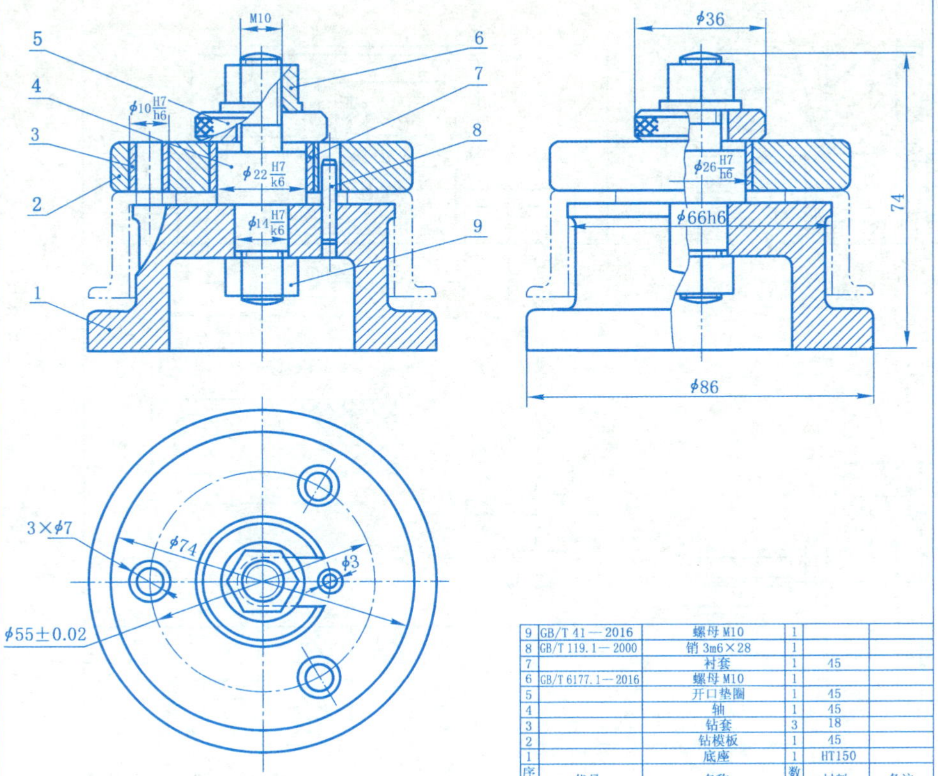

序号	代号	名称	数量	材料	备注
9	GB/T 41—2016	螺母 M10	1		
8	GB/T 119.1—2000	销 3m6×28	1		
7		衬套	1	45	
6	GB/T 6177.1—2016	螺母 M10	1		
5		开口垫圈	1	45	
4		轴	1	45	
3		钻套	3	18	
2		钻模板	1	45	
1		底座	1	HT150	

设计				
校核			比例 1:1	钻模
审核				
班组			共 张第 张	

(1) 该钻模由______个零件组成，有______个标准件。其中，属于轴类零件的有______、______、______；属于盘类零件的有______、______；属于箱体类零件的有______。

(2) 主视图采用了______剖和______剖，剖切面与机件前后方向的______重合，故省略了标注，左视图采用了______剖视。

(3) 底座 1 的侧面有______个弧形槽，与被钻孔工件定位的尺寸为______。

(4) 钻模板 2 上有______个______孔，钻套 3 的主要作用是____________。图中双点画线表示______，系______画法。俯视图中细虚线表示件号______中的结构。

(5) $\phi 22\frac{H7}{k6}$ 是件号______和件号______的配合尺寸，属于______制的______配合，H7 表示______的公差代号，k 表示件号______的______代号，7 和 6 代表______。$\phi 26\frac{H7}{h6}$ 表示件号______与件号______是______制______配合，件号______与件号______是______配合，件号______与件号______是______配合。

(6) 三个孔钻好后，先松开______，再取出______，工件便可拆下。

(7) 与底座 1 相邻的零件有(只写件号)________。

(8) 钻模的外形尺寸：长______、宽______、高______，$\phi 66h6$ 是______尺寸。

(9) 件 4 在剖视中按不剖切处理，仅画出外形，原因是____________。

(10) 拆画轴 4 的零件图。

班级　　　　姓名　　　　学号

8-3 读装配图和由装配图拆画零件图

读平口钳装配图，拆画固定钳体 1、螺杆 2 和活动钳体 3 的零件图。

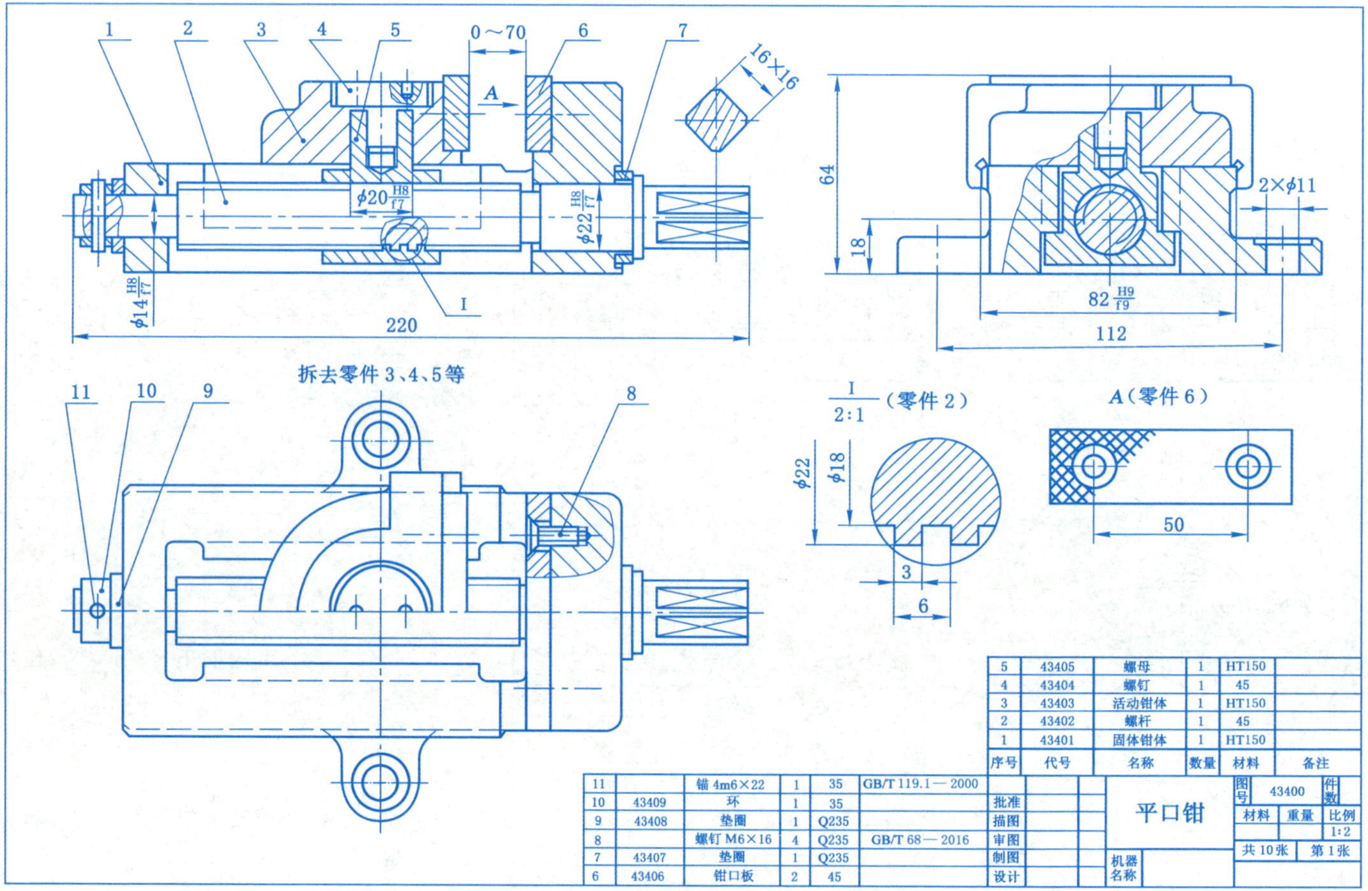

序号	代号	名称	数量	材料	备注
11		锚 4m6×22	1	35	GB/T 119.1—2000
10	43409	环	1	35	
9	43408	垫圈	1	Q235	
8		螺钉 M6×16	4	Q235	GB/T 68—2016
7	43407	垫圈	1	Q235	
6	43406	钳口板	2	45	
5	43405	螺母	1	HT150	
4	43404	螺钉	1	45	
3	43403	活动钳体	1	HT150	
2	43402	螺杆	1	45	
1	43401	固体钳体	1	HT150	

批准			平口钳	图号	43400	件数
描图				材料	重量	比例
审图						1:2
制图				共 10 张		第 1 张
设计			机器名称			

班级　　　　姓名　　　　学号

项目9　金属焊接图

9-1　焊缝符号及其标注

1. 一对搭接接头，试解释焊缝符号的含义。

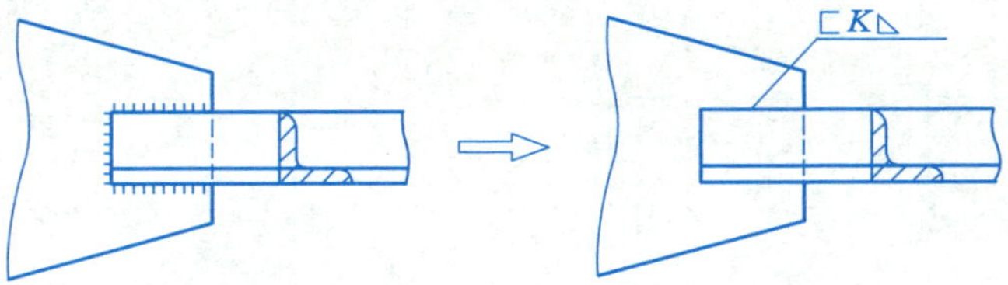

焊缝形式　　标注方法

2. 一对 T 形接头，该焊缝为对称角焊缝，焊脚尺寸为 4 mm，在现场装配时进行焊接。试用焊缝符号表示法将其标注出来。

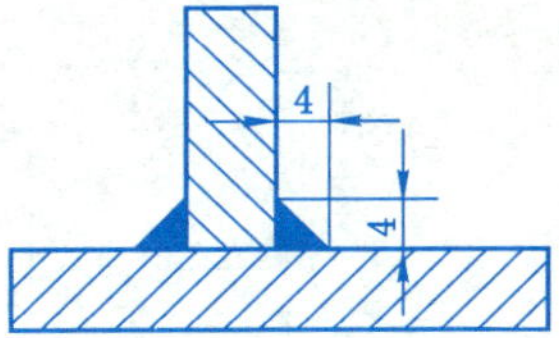

焊缝形式及尺寸

3. 根据图中的焊缝符号，在旁边画出焊缝图形，并标注焊缝尺寸。

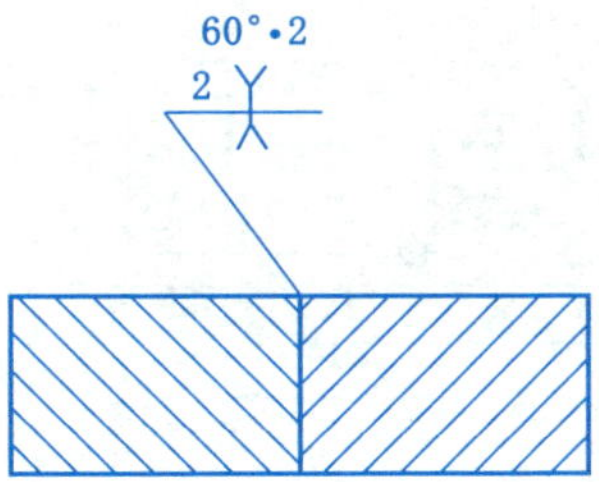

4. 说明焊缝符号的含义。

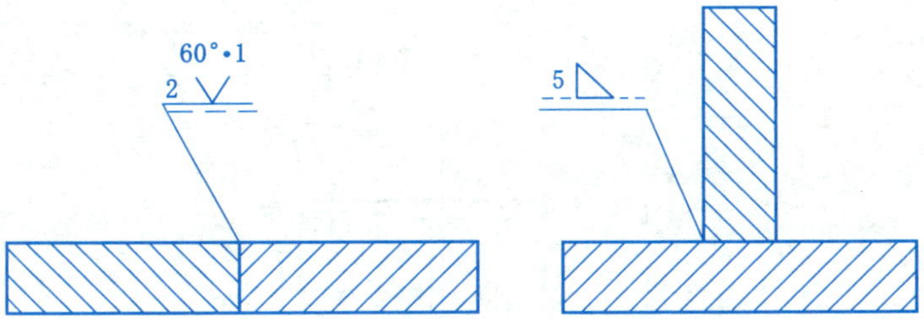

________侧________焊缝；________侧________焊缝。

钝边高度为__________；焊脚尺寸为__________；

根部间隙为__________；__________为 60°。

班级　　　　姓名　　　　学号

9-2　读焊接图

读上框架梁焊接图，说明图中 5 处焊缝标注的含义，并画出三个断面图。

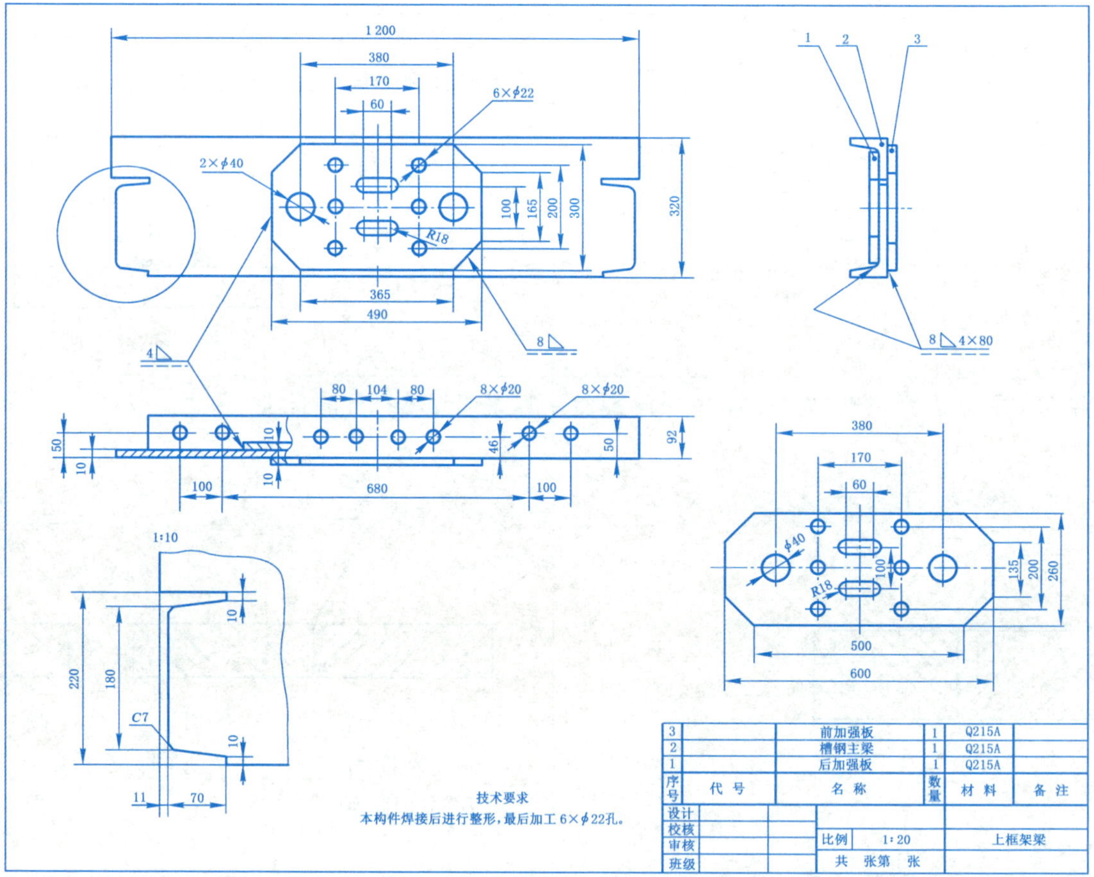

班级　　　　　　姓名　　　　　　学号

项目 10　建筑施工图

10-1　建筑施工图的表达方法

1. 解释建筑施工图中常用符号及图例。

符号	名称	符号	名称

		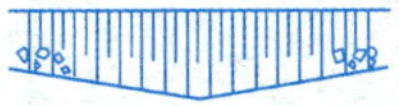	

		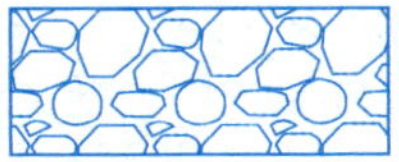	

2. 回答下列问题：

(1) 按房屋的基本组成和作用，可将其分为________、________、________、________、________、________、________、________和________结构。

(2) 一套建筑施工图包括________、________、________和________图。

(3) 常以建筑物的首层室内地面作为零点标高，注写成________；建筑标高要求注写到小数点后第________位。

(4) 建筑施工图中的尺寸以________为单位，表示楼层地面标高以________为单位。

(5) 在平面图中，门的代号用________表示，窗的代号用________表示。

(6) 在平面图和剖面图中，与剖切平面接触的轮廓线用________表示，其余可见轮廓线用________或________表示，定位轴线用________表示。

(7) 立面图最外轮廓线用________表示，门窗洞、台阶等主要结构用________表示，其他次要结构（如窗扇的开启符号、水刷石墙面分格线、雨水管等）则用________表示。

(8) 一般房屋有四个立面，通常把反映房屋主要出入口的立面图称为________图，其背后的立面图称为________图，左、右侧的立面图各称为________图和________图。

(9) 建筑物的朝向是根据房屋主出入口所对方向确定的，一般根据房屋朝向将立面图分为________图、________图、________图和________图。

(10) 建筑施工图中的________，相当于机械图样中的主视图；建筑施工图中的________，相当于机械图样中的俯视图；建筑施工图中的________，相当于机械图样中的剖视图。

(11) 定位轴线编号的圆圈用________绘制，其直径为 8～10 mm。在平面图上，横向编号采用________从左向右依次编写；竖向编号采用________自下而上顺序编写。

班级　　　　　　姓名　　　　　　学号

10-2　识读建筑施工图

1. 加深平面图中的图线；注写轴线的编号；根据图中已有的尺寸，补全图中所缺的尺寸（轴线位于墙的中间）；注写门（M）、窗（C）的编号。

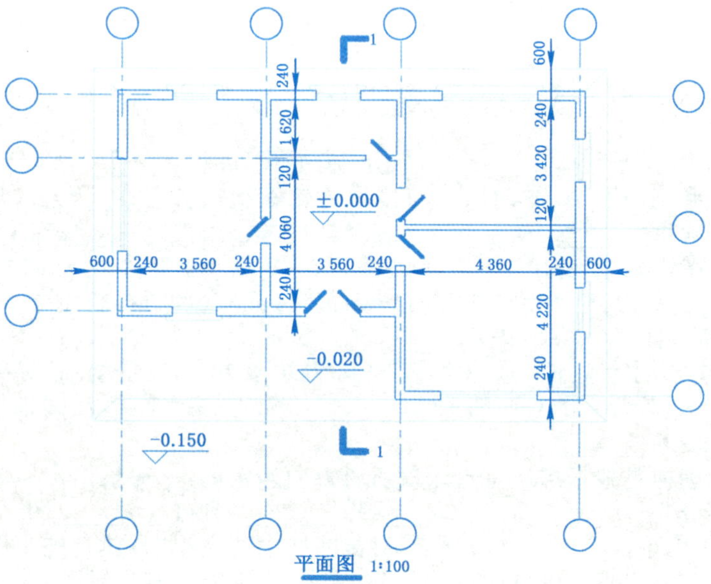

2. 读图并回答问题。

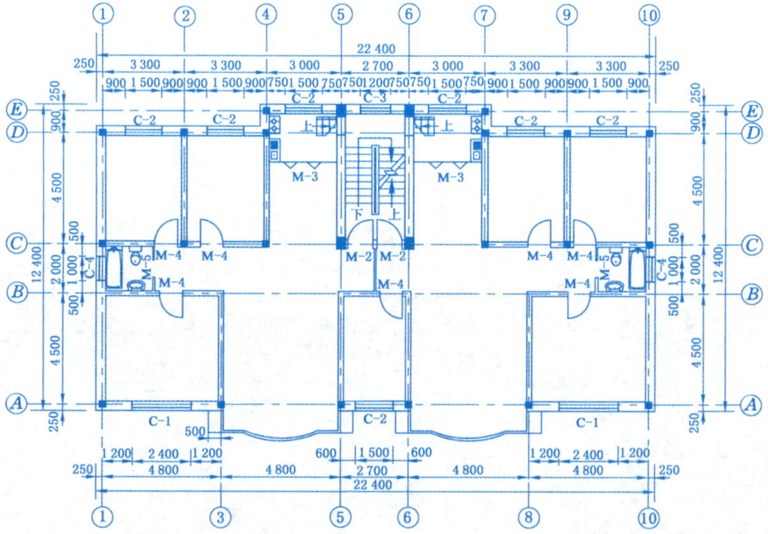

（1）建筑平面图是指______。

（2）建筑平面图中定位线的作用是____________。定位轴线采用______表示。

（3）图中建筑的总长为______，总宽为______。共有________条横向定位轴线，______条纵向定位轴线。楼梯的宽度是______，过道宽度是________，C-1 型窗户的宽度是______，C-2 型窗户的宽度是______。

班级　　　　　　　　姓名　　　　　　　　学号

10-3 抄绘建筑施工图

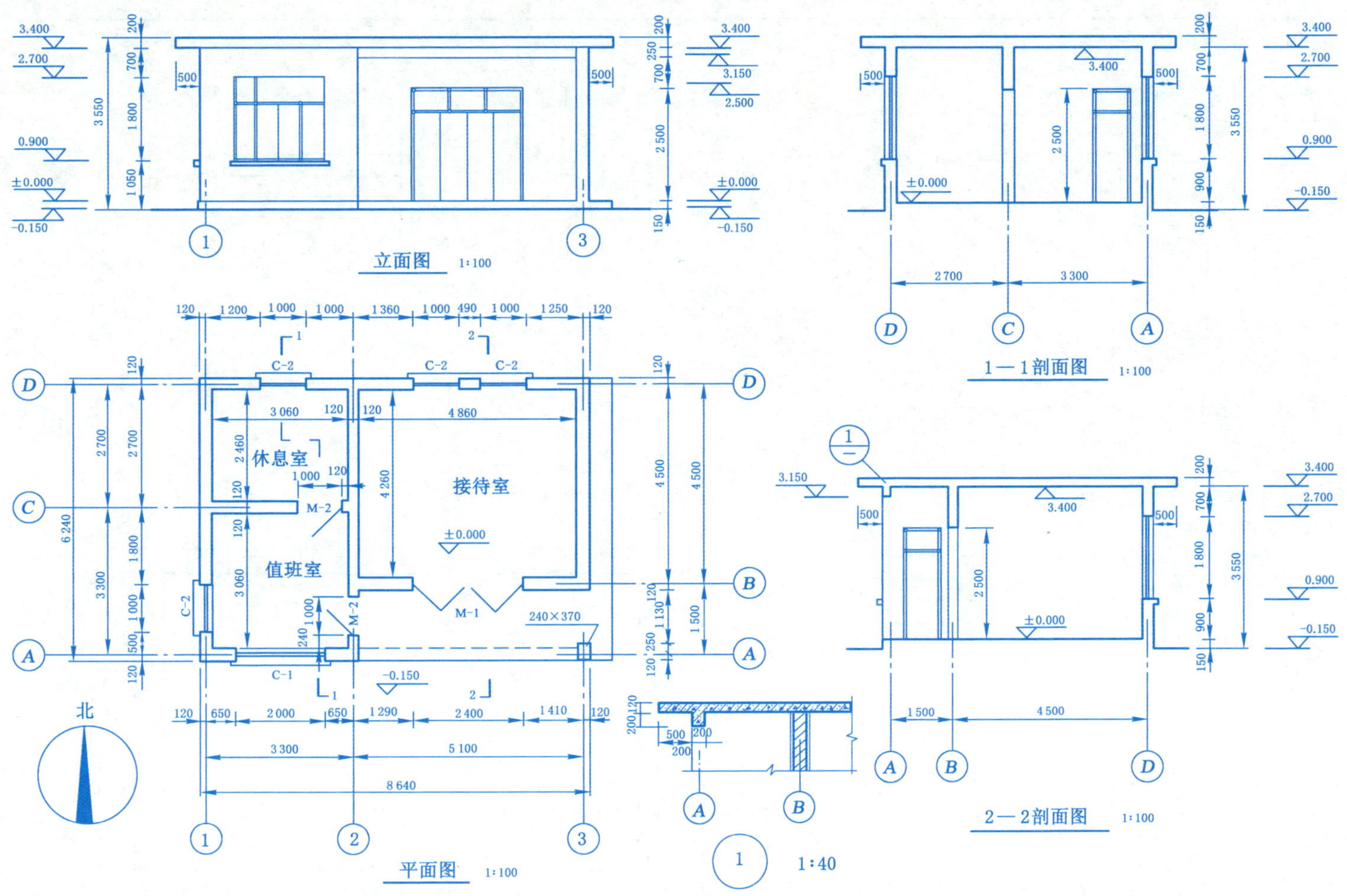

班级　　　　姓名　　　　学号

项目 11　电气线路图

11-1　读图并按要求完成问题(一)

1. 写出下列符号代表的元器件名称。

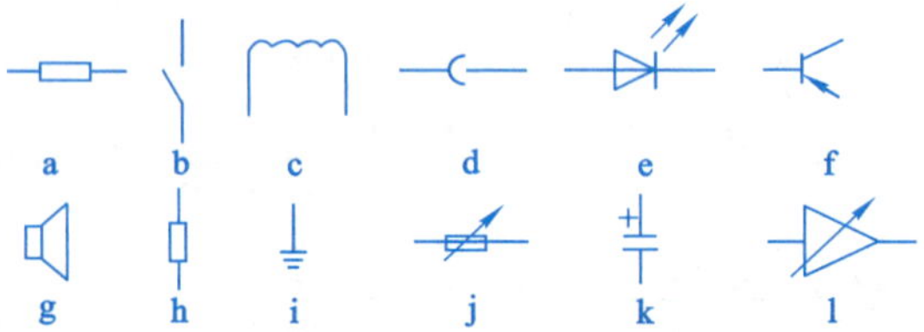

a. ________　b. ________　c. ________

d. ________　e. ________　f. ________

g. ________　h. ________　i. ________

j. ________　k. ________　l. ________

2. 将多线连接法改为单线连接法,画在下方。

3. 将单线连接法改为多线连接法,画在下方。

4. 填写图中元件的位置。

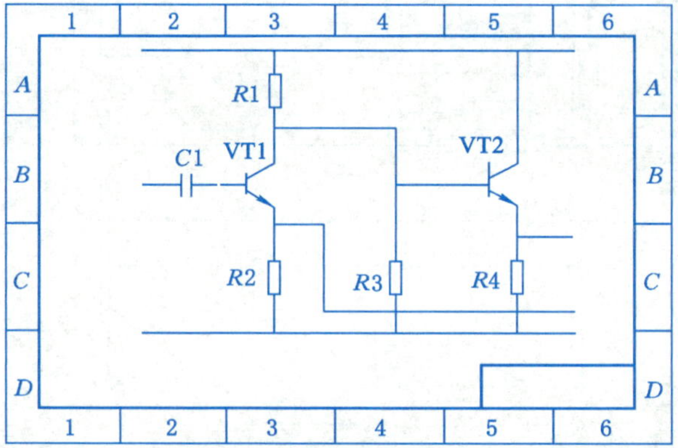

C1位于______区。

VT2位于______区。

R1位于______区。

R2位于______区。

班级　　　　姓名　　　　学号

11-2 读图并按要求完成问题(二)

5. 完成下图中元件的标注。

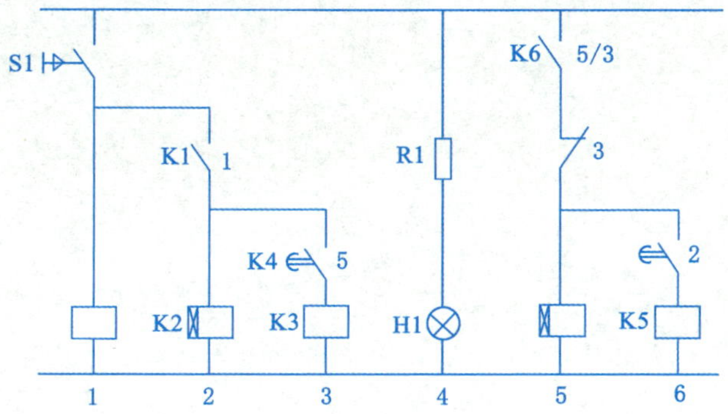

6. 完成下面表格和图中元件的标注。

电容器	C4
电阻器	R1 R2 R3 R5 R6
半导体管	VT3
其他元件	T1 X1

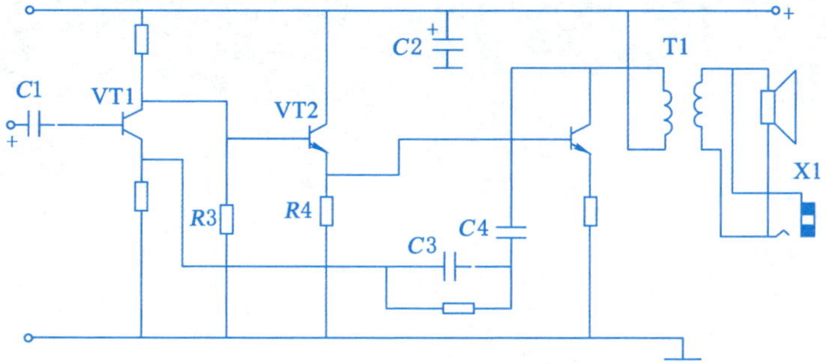

7. 看懂用连续线表示的单元接线图,填写互连接线表,完成用中断线表示的单元接线图。

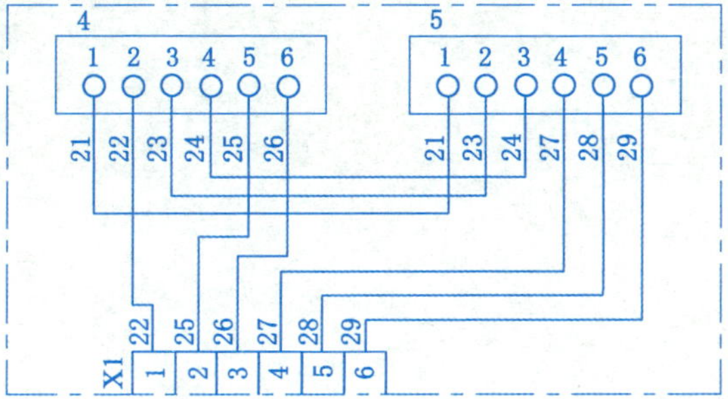

线缆号	线号	线缆型号及规格	连接点 1		连接点 2		附注
			项目代号	端子号	项目代号	端子号	
	21	AVR-0.5 mm² 黄	4	1	5	1	

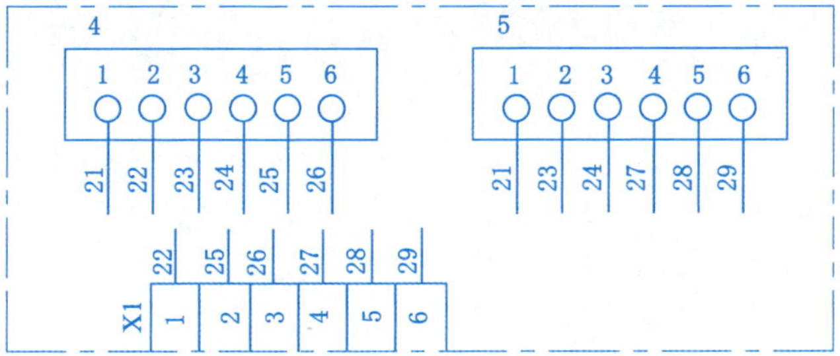

班级　　　　　　姓名　　　　　　学号